炼油厂设计与工程丛书

炼油厂机械设备设计

丛书主编　李国清

本书主编　郑学鹏　白　岩　王自球

本书主审　张迎恺

中国石化出版社

内 容 提 要

本书着重介绍了炼油厂常见的机械设备，如压缩机、泵、硫黄成型机、除焦机械、滑阀、烟气轮机等。

本书可供炼油厂工程设计技术人员、科研人员、生产操作和管理人员、建设施工和管理人员，以及高等院校机械、材料和炼油相关专业的师生阅读与参考。

图书在版编目(CIP)数据

炼油厂机械设备设计/李国清主编;郑学鹏,白岩,王自球分册主编. —北京:中国石化出版社,2017.2
(炼油厂设计与工程丛书)
ISBN 978-7-5114-3542-2

Ⅰ.①炼… Ⅱ.①李…②郑…③白…④王…
Ⅲ.①炼油厂-机械设计 Ⅳ.①TE682

中国版本图书馆 CIP 数据核字(2017)第 037701 号

中国石化出版社出版发行

地址:北京市朝阳区吉市口路 9 号
邮编:100020 电话:(010)59964500
发行部电话:(010)59964526
http://www.sinopec-press.com
E-mail:press@ sinopec.com
北京科信印刷有限公司印刷
全国各地新华书店经销
*
850×1168 毫米 32 开本 7.375 印张 188 千字
2017 年 3 月第 1 版 2017 年 3 月第 1 次印刷
定价:35.00 元

前　言

　　经过 60 余年的发展，我国已经成为世界第二炼油大国，国产化技术名列世界前茅，积累了丰富的工程设计建设经验。为了更好地指导生产实验，努力提高炼油水平，更好地为建设世界一流能源化工公司服务，出版该套介绍炼油厂各专业工程设计内容及程序的《炼油厂设计与工程丛书》十分迫切、十分必要。

　　炼油工业是国民经济的支柱产业之一，我国炼油工业依靠独立自主、自力更生，不断创新和发展，目前总体技术处于世界先进水平，并仍在蓬勃发展中。据统计，2011 年我国的原油一次加工能力已达到 5.5 亿吨，居世界第二。我国炼油企业和炼油厂的发展步伐明显加快，炼油厂的规模不断扩大，炼化一体化程度不断提高，炼油基地化发展迅速，在国际炼油业中的地位不断提升。截至 2011 年底，我国加工规模在 1000 万吨/年以上的炼油厂有 17 家，新建和改扩建至千万吨级原油加工基地 20 座。炼油行业正坚定地走在装置大型化、炼化一体化、发展集约化的道路上。

　　本丛书共 20 个分册，系统介绍了有关炼油厂各专业范围的工程设计内容及程度，包括：炼油厂厂址选择及总图、总工艺流程、非工艺类专业领域详细设计技术、管道设计、安全与环保、经济评价等。

　　本丛书编著工作由一批长期工作在炼油厂设计一线

的技术骨干和专家共同完成，他们具有较高的理论水平和丰富的实践经验，因而本丛书内容贴近设计和生产实际，不仅具有新颖性和创新性，而且具有实用价值。

由于参与编写的专业面广，编写人员较多，会在编制内容上出现重复或遗漏，不妥之处请各位读者批评指正。

目 录

第一章　压缩机

随着炼油工业的发展，压缩机得到了更加广泛的使用。这些压缩机多是工厂的关键设备、装置的核心部位。压缩机的功能是提升气体的压力。根据其热力学过程，可以分为容积式和动力式两大类，如图1-1所示。炼油工程中常用的压缩机有下面三种类型：

（1）往复式，如加氢装置中的新氢压缩机；

（2）离心式，如加氢装置中的循环氢压缩机；

（3）螺杆式，如常减压装置中的塔顶气压缩机。

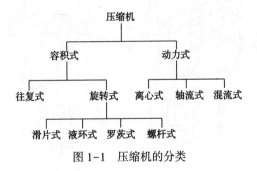

图1-1　压缩机的分类

第一节　往复压缩机

一、往复压缩机的基本结构

往复压缩机主要由机身（曲轴箱）、曲轴、连杆、十字头、中间连接体、气缸、活塞、活塞杆、填料、气阀等部件组成，如图1-2所示。

1

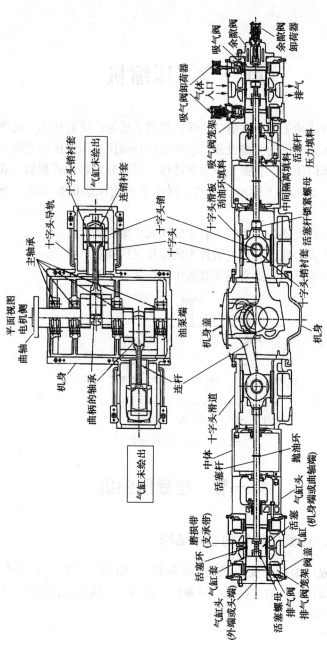

图 1-2 往复压缩机典型图

二、基本原理

（一）往复压缩机热力过程分析[1,2]

往复压缩机的基本原理是通过曲柄连杆机构驱动活塞在气缸内做往复运动，造成气体在气缸内的封闭容积变小，从而压力得到提升。如图1-3所示，当活塞自左向右移动，气体以压力P_1进入气缸，4-1称为进气过程。然后活塞自右向左运动，气缸容积变小，气体被压缩，1-2称为压缩过程。当气体压力达到排气压力P_2后，气体开始被活塞推出气缸，2-3称为排气过程。如此循环，形成周期性的吸气、压缩、排气和膨胀等过程。

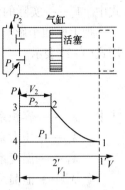

图1-3 气缸的理想循环过程

然而在实际压缩机中，为避免活塞与缸盖相撞，以及气阀结构和气阀安装的需要，在气缸端部留有一定的空隙，称为余隙容积V_c，如图1-4所示。余隙容积内的气体在吸气过程开始时要先行膨胀，占去了活塞运动的一部分行程，造成实际进气量减少了ΔV_1；气体流经气阀都有压力损失，吸气过程结束时，气缸内的压力低于名义的进气压力，实际的吸气容积减少了ΔV_2；由于吸气过程中与气缸

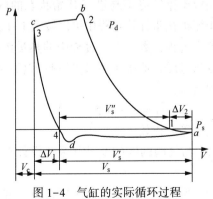

图1-4 气缸的实际循环过程

的热交换，进气温度对容积的影响计为 ΔV_3；由于填料、活塞环以及气阀的泄漏，引起实际气量的减少计为 ΔV_4。因此实际的排气量 V'''_s 用式(1-1)表示。

$$V'''_s = V_s - \Delta V_1 - \Delta V_2 - \Delta V_3 - \Delta V_4 \qquad (1-1)$$

式中　　V_s——实际的活塞行程容积。

把上面四个影响因素用四个系数来考虑，吸气系数 η_v 可以用式(1-2)表示。

$$\eta_v = \frac{V'''_s}{V_s} = \lambda_v \lambda_p \lambda_T \lambda_1 \qquad (1-2)$$

式中　　λ_v——容积系数；

　　　　λ_p——压力系数；

　　　　λ_T——温度系数；

　　　　λ_1——泄漏系数。

容积系数 λ_v 可以按式(1-3)计算：

$$\lambda_v = 1 - \alpha\left(\frac{z_3}{z_1}\varepsilon^{1/m} - 1\right) \qquad (1-3)$$

式中　　α——相对余隙容积，即余隙腔容积与活塞行程容积之比。$\alpha = V_c/V_s$，取值范围为 $0.08 \sim 0.2$。小气缸取大值，大气缸取小值；

　　　　ε——压比，$\varepsilon = P_2/P_1$；

　　z_3、z_1——相应于排气终了与进气开始状态的气体压缩因子。压缩机初步计算过程中可以按表1-1近似选取；

　　　　m——膨胀过程指数。由于过程中的热量传递与泄漏难以定量考虑，低压压缩机可以按式(1-4)计算膨胀过程指数；

$$m = 1 + 0.5(k - 1) \qquad (1-4)$$

　　　　k——气体等熵指数。

压力系数 λ_p 与气阀的匹配及进气系统设计有关，一般取值 $0.95 \sim 0.99$。

温度系数 λ_T 受气缸周壁温度的影响，与气缸大小和冷却条件相关，一般取值为 0.9~0.99。

泄漏系数 λ_1 用来表征填料、活塞环、气阀的严密性。压缩机的泄漏分内泄漏和外泄漏两种，内泄漏不影响排气量但影响级间压缩比的分配，外泄漏则直接影响气量。泄漏系数一般取值 0.9~0.99。

表 1-1 进、出口状态下的压缩因子

压力(绝)/MPa	压缩因子 z	压力(绝)/MPa	压缩因子 z
≤1.0	1.0	≤12.0	1.06
≤3.0	1.01	≤14.0	1.07
≤4.0	1.02	≤16.0	1.09
≤6.0	1.03	≤18.0	1.10
≤8.0	1.04	≤20.0	1.12
≤10.0	1.05		

有一点需要说明，压缩机行业定义的排气量与炼油厂应用中涉及的供气量有一定的区别。排气量是指单位时间内压缩机末级排出的气体，换算成一级入口状态的气体容积。工艺装置中工人常说的气量(供气量)是指实际进入压缩机的气体折算到标准状态(760mmHg，0℃)下的气体容积。

(二) 往复压缩机的指示功率

如图 1-3 所示，循环过程 1-2-3-4 中外界对气体所做的功，相当于点 1-2-3-4 所围成的面积，通过积分求得绝热指示功 W_{ad}：

$$W_{ad(i)} = -\int_{P_1}^{P_2} V dP = P_1 V_1 \frac{1}{n-1} \left[\left(\frac{P_2}{P_1} \right)^{\frac{n-1}{n}} - 1 \right] \quad (1-5)$$

当 $n = k$ 时，压缩过程中与外界无热交换；

当 $n > k$ 时，压缩过程中外界有热量传给气体；

当 $n < k$ 时，压缩过程中气体有热量传给外界；

当 $n = 1$ 时，等温压缩，外界对气体所做的功全部转化为热量传回外界。

如果考虑实际气体的压缩因子，则绝热指示功 W_{ad} 的计算公式为：

$$W_{ad(i)} = P_1 V_1 \frac{k_T}{k_T - 1}\left[\left(\frac{P_2}{P_1}\right)^{\frac{k_T - 1}{k_T}} - 1\right]\frac{z_1 + z_2}{2z_1} \qquad (1-6)$$

在实际的循环过程中，气体压缩之初，属于吸热压缩，当温度升上来之后，属于放热压缩，排气过程则一直向外界放热，在余隙容积膨胀之初是放热膨胀，膨胀过程末期则是吸热膨胀。炼油厂往复机尺寸都比较大，气缸夹套冷却水所带走的热量十分有限，实际的压缩过程基本上都趋于绝热。

按图 1-4，将实际过程进行简化：

（1）进、排气过程的压力曲线用平均值代替；

（2）压缩、膨胀的过程指数为常数并且相等；

（3）容积系数按简化后的平均压力确定；

（4）进、排气过程的压力损失按经验公式确定。

如果考虑实际压缩为多变过程，实际气体实际过程的指示功 W_{ad} 为：

$$W_{ad(i)} = P_1 V_1 \frac{n}{n - 1}\left\{\left[\left(\frac{P_2}{P_1} \cdot (1 + \delta_0)\right)\right]^{\frac{n-1}{n}} - 1\right\}\frac{z_1 + z_2}{2z_1}$$

$$(1-7)$$

式中 $1 + \delta_0 = \dfrac{1 + \delta_d}{1 - \delta_s}$，$\delta_s$、$\delta_d$ 分别是进气和排气的相对损失，按图 1-5 选取，虚线反映的是损失较小的压缩机，实线则表示损失相对较大。

对于多级压缩机，总的指示功率 W_{ad} 由每级求和得出。

$$W_{ad} = \sum W_{ad(i)} \qquad (1-8)$$

往复压缩机一般由电动机刚性连接直接驱动，不需考虑传动损失。机组所消耗的实际功率由式（1-9）计算。

$$N = \frac{W_{ad}}{\eta_m} \qquad (1-9)$$

6

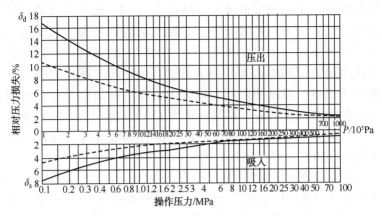

图1-5 压力损失系数

式中 η_m——机械效率，对于大、中型压缩机取值范围为0.9~0.95，小型压缩机取值范围为0.85~0.9。

三、往复压缩机的热力计算和选型

热力计算是根据已知的工艺参数(压力、供气量、温度等)来确定压缩机的级数、工作容积、转速、结构尺寸(如气缸直径、行程等)和功率等。这里以一台常减压装置塔顶气压缩机的参数来进行热力计算示例。某厂常减压装置塔顶气压缩机的气量为$Q=1200m^3$(标准状态)/h，进气压力(表)$P_1=0.02MPa$，进气温度$T_1=40℃$，排气压力(表)$P_2=0.60MPa$，介质相对分子质量$M_w=35$，等熵指数$k=1.19$。气体的摩尔组成如下：

组分	H₂O	H₂S	C₁	C₂	C₃	C₄	C₅⁺
体积分数/%	1.37	9.80	29.00	25.00	19.21	10.08	5.54

(一)结构形式与方案选择

常压塔顶气组分较重，其等熵指数约为1.19，若相对余隙容积$\alpha=0.12$，根据式(1-3)和式(1-4)，如果$\varepsilon_{max}=10.4$，此时$\lambda_v=0$，将不再有气体输出，也就是说该塔顶气压缩机理论上单级压比最大可以达到10.4。由于过高的压缩比使得气缸的容积系数极低，导致气缸直径增加，从而机组的活塞力增加，压缩机机身尺寸变大。一般来讲，炼油厂往复压缩机最大的单级压比不宜超过4.0。同时压比的确定还需要考虑排气温度的问题，根据国内炼厂的运行经验，有油润滑的气缸允许的最大排气温度为135℃（相对分子质量小的工况，$M_w \leq 12$），而无油润滑的气缸，其最大排气温度最好不超过130℃，以保证良好的易损件寿命。

常压塔顶气压缩机的总压比为 $\varepsilon = P_2/P_1 = 5.83$，拟定为2级压缩，机身为对称平衡式。此外，由于原油组分的不确定性，常压塔顶气和减压塔顶气的产量波动非常大，而且气体组成的变化范围也非常宽，因此多级压缩机的级间凝液难以确定，宜设置逐级返回线，来稳定每级的进口压力，以避免机组过载。对于加氢装置的新氢压缩机，介质基本都是纯度为99.9%的氢气，压缩过程中没有凝液析出，级间压力可以准确的预测出，且没有大的波动，因此不必设置逐级返回线。

往复压缩机的气缸有两种润滑方式：有油润滑和无油润滑。有油润滑是向气缸内注入润滑油，在气缸镜面形成液膜。无油润滑是采用具有自润滑性材料制作的活塞环和支撑环，在气缸表面形成固体润滑膜。常压塔顶气压缩机和减压塔顶气压缩机含有大量重组分气体，如果采用无油润滑的气缸，重组分形成的雾滴会稀释或冲走附着在气缸镜面的固体润滑剂。常压塔顶气压缩机和减压塔顶气往往含有大量腐蚀性介质（如 H_2S），如果选用往复压缩机，气缸宜采用有油润滑的形式。对于重整装置和制氢装置，考虑到润滑油中的重金属对催化剂的影响，优先采取无油润滑的气缸。

（二）转速的确定

提高转速是减轻压缩机重量和缩小空间尺寸的重要途径，确定转速的一个重要参数是活塞平均速度。国内外工程公司对转速和活塞平均速度都有相应的规定，如表1-2所示。

表 1-2　最大活塞平均速度的推荐值

气缸润滑形式	驱动机功率/kW	压缩机最大转速/(r/min)	最大活塞平均速度/(m/s)
有油润滑	<25	500	5
	25~150		4.5
	>150		4
无油润滑		500	3.5

为了节省设备的制造成本，一般应优先选择高转速电机，例如 12 极电机，异步转速 $n = 490 \text{r/min}$。如果活塞平均速度允许，应选择尽可能大的冲程 S，以降低机身的尺寸。这里选择行程为 0.2m，按式(1-10)计算活塞平均速度 V 为 3.27m/s，满足工程规定的一般原则。

$$V = \frac{2 \cdot S \cdot n}{60} \qquad (1-10)$$

式中　V——活塞平均速度，m/s；

　　　S——活塞行程，m；

　　　n——压缩机转速，r/min。

(三) 压力比的分配及各级压力的求取

初步计算可以按等压比分配，各级的压力以及排气温度如表 1-3 所示。

表 1-3　各级压力分配[①]

压力、温度	级数	
	1 级	2 级
进气压力(绝)P_{si}/MPa	0.12	0.29
排气压力(绝)P_{di}/MPa	0.29	0.7
压比[②]	2.42	2.41
排气温度[③]/℃	87.5	87.4

① 初步计算可以不考虑级间的压力损失。

② $\varepsilon_i = P_{di}/P_{si}$。

③ $T_{di} = T_{si} \cdot \varepsilon_i^{\frac{n}{n-1}}$。

9

（四）进气系数的计算

如表1-4，可以计算出各级进气系数。

表1-4　各级进气系数

各级进气系数	级数	
	1 级	2 级
进气压力(绝)P_{si}/MPa	0.12	0.29
排气压力(绝)P_{di}/MPa	0.29	0.7
压比	2.42	2.41
进气压缩因子 z_{1i}	1.0	1.0
排气压缩因子 z_{2i}	1.0	1.0
相对余隙容积 α_i	0.15	0.18
等熵指数 k_i	1.19	1.19
膨胀过程指数 m_i	1.095	1.095
容积系数 λ_{vi}	0.813	0.778
温度系数 λ_{Ti}	0.95	0.95
压力系数 λ_{Pi}	0.98	0.98
泄漏系数 λ_{li}	0.95	0.95
吸气系数 η_{vi}	0.72	0.69

（五）确定气缸直径

初步计算时可以假定压缩过程没有凝液析出，也没有外泄漏，每级气缸入口的气体质量守恒，压缩机的排气量等于装置的供气量。

各级气缸入口的实际气体容积 V_{mi} 为：

$$V_{mi} = \frac{Q}{600} \cdot \frac{1}{P_{si}} \cdot \frac{T_{si} + 273.15}{273.15} \cdot \frac{1}{z_i} \qquad (1-11)$$

式中　V_{mi}——各级入口实际容积，m^3/min；

　　　P_{si}——入口压力(绝)，MPa；

　　　Q——标准状态供气量，Nm^3/h；

　　　T_{si}——各级进气温度，℃；

　　　z_i——各级入口压缩因子，这里 $z_i = 1$。

计算得 $V_{m1} = 19.11\ m^3/min$，$V_{m2} = 7.91\ m^3/min$。气缸直径 D_i

按下式计算：

$$D_i = \sqrt{\left(V_{mi} \cdot \frac{4}{\pi \cdot \lambda_v \cdot \lambda_P \cdot \lambda_T \cdot \lambda_1} \cdot \frac{1}{n \cdot s} \cdot \frac{1}{j} + d^2 \right) / 2}$$

$$(1-12)$$

式中 S——活塞行程，m；

$\quad\quad n$——压缩机转速，r/min；

$\quad\quad i$——级数；

$\quad\quad j$——同级气缸的数量，这里一、二级均为单气缸，$j=1$；

$\quad\quad d$——活塞杆直径，m，这里选取 0.05m。

可以得出 $D_1 = 0.417$m，$D_2 = 0.275$m。

按照 JB/T 2231 中规定的气缸直径系列（表 1-5），将计算结果进行圆整为 $D_1 = 420$mm，$D_2 = 280$mm。气缸圆整后，如果不做余隙容积调整，将会引起各级压比的重新分配。这里采取调整余隙容积的方法保持原压比不变，调整后的相对余隙容积见表1-6。

表 1-5　往复压缩机气缸直径尺寸 　　　　mm

20	38	67	120	220	420	800
21	40	71	125	240	450	850
22	42	75	130	250	480	900
24	45	80	140	260	500	950
25	48	85	150	280	530	1000
26	50	90	160	300	560	1060
28	53	95	170	320	600	1120
30	56	100	180	340	630	1180
32	60	105	190	360	670	1250
34	63	110	200	380	710	
36	(65)	(115)	210	400	750	

注：上述数据摘自 JB/T 2231。随着工业应用的不断发展，制造商已经在上述直径系列的基础上发展了更多的直径模数，以满足各种不同的工艺需求。

表 1-6　气缸圆整后的相对余隙容积

级数	气缸圆整之前			气缸圆整之后			
	容积系数	行程容积/ (m^3/min)	相对余隙容积	缸径/mm	容积系数	行程容积/ (m^3/min)	相对余隙容积
	λ_{vi}	V_{si} [1]	α_i	D_i	λ'_{vi} [2]	V'_{si}	α'_i
1	0.813	26.56	0.15	420	0.8	26.95	0.161
2	0.778	21.44	0.18	375	0.722	21.44	0.225

[1] 气缸圆整之前的行程容积 $V_{si} = \dfrac{\pi}{4} \cdot (2D_i^2 - d^2) \cdot j \cdot S \cdot n$

[2] 气缸圆整之后的容积系数 $\lambda'_{vi} = \dfrac{V_{si}}{V'_{si}} \cdot \lambda_{vi}$。

根据图 1-4，可以得到考虑压力损失后的实际压力，如表1-7。

表 1-7　考虑损失后的实际压力

级数	相对压力损失		名义压力		实际压力	
	进气 δ_{si}	排气 δ_{di}	进气 P_{si} (绝)/MPa	排气 P_{di} (绝)/MPa	进气 P'_{si} (绝)/MPa	排气 P'_{di} (绝)/MPa
1	0.075	0.115	0.12	0.29	0.111	0.323
2	0.05	0.07	0.29	0.7	0.2755	0.749

（六）气体力的计算

如表1-8计算出各列气缸的气体力。

表 1-8　各列气缸气体力

项　目	1 级	2 级
盖侧活塞面积 A_h/ m^2	0.1385	0.0615
轴侧活塞面积 A_c/ m^2	0.1365	0.0596
实际进气压力 P'_s(绝)/MPa	0.111	0.2755
实际排气压力 P'_d(绝)/MPa	0.323	0.749
向盖行程活塞力 F_h/ kN	29.6	29.6
向轴行程活塞力 F_c/ kN	-28.7	-27.7

往复压缩机通常以最大允许的综合活塞力来定义机身大小，根据国内制造商的产品系列，压缩机允许的最大综合活塞力系列为：2t、3.5t、5.5t、6.5t、8t、10t、12t、16t、20t、25t、32t、40t、45t、50t、80t、100t、125t。

上述计算没有考虑运动部件的往复惯性力，因此，在机型的活塞力吨位选择上应留有适当的裕量。初步选定5.5t活塞力的机器。

（七）指示功率的计算

各级气缸的绝热功率可以按式（1-13）计算。

$$W_{\text{ad}(i)} = P_{\text{i1}} V_{\text{i1}} \frac{n}{n-1} \left\{ \left[\frac{P_{2i}}{P_{i1}} \cdot (1 + \delta_0) \right]^{\frac{n-1}{n}} - 1 \right\} \frac{z_{1i} + z_{2i}}{2z_{1i}}$$

$$(1-13)$$

压缩机的操作压力较低，假定中间级没有凝液析出，同时用理想气体对式（1-13）进行转化，得到式（1-14）。

$$W_{\text{ad}(i)} = Q \cdot \frac{1}{36} \cdot \frac{273.15 + T_{\text{si}}}{273.15} \frac{n}{n-1} \left\{ \left[\frac{P_{2i}}{P_{1i}} \cdot \left(\frac{1 + \delta_{\text{di}}}{1 - \delta_{\text{si}}} \right) \right]^{\frac{n-1}{n}} - 1 \right\}$$

$$(1-14)$$

式中　$W_{\text{ad}(i)}$——各级绝热功率，kW；

Q——标准状态下气量，Nm³/h；

T_{si}——各级入口温度，℃；

P_{2i}——各级排气压力（绝），MPa；

P_{1i}——各级入口压力（绝），MPa；

n——过程指数，假定与气体等熵指数相同，$n = 1.19$。

可以求出 $W_{\text{ad1}} = 44.51\text{kW}$，$W_{\text{ad2}} = 41.44\text{kW}$。

（八）驱动机的选择

压缩机是消耗功的机械，需要用原动机来驱动，目前常用的驱动机有鼠笼异步电动机和无刷励磁同步电动机两种。异步电动机操作简单，坚固可靠，可以用来驱动各种形式的压缩机。异步机连接方式灵活可变，主要有皮带轮、齿式、直联和法兰式几种。异步机的缺点主要是较低的功率因数和较高的电流启动冲量。无刷励磁同步电动机的出现弥补了这一缺陷，它的连接方式有法兰式、齿式、刚性直联等，同步机的功率因数较高且启动的电流冲量相对较低。

目前，往复式压缩机一般选择由电动机通过刚性联轴器直接驱动的方式，也可以在压缩机和电动机之间加入一台减速齿轮箱。根据全厂蒸汽平衡的需要，可以使用汽轮机驱动往复式压缩机，若使用汽轮机驱动，需重点考虑转动惯量的问题。由于汽轮机转子的转动惯量非常小，往往需要在曲轴的轴伸端专门设计一台非常大的飞轮。同时汽轮机是高速机械，轴系中必须设置必要的减速机，由于往复压缩机的阻力矩呈周期性波动，在压缩机与齿轮箱之间必须设置高弹联轴器，减缓波动力矩对齿轮的啮合造成的冲击。

对于大型往复式压缩机一般选择同步电动机驱动，而较少采用异步电动机。这是因为同步电动机的超前功率因数可以对电网的功率因数进行补偿，改善电网的作业。对于一些中小型往复式压缩机，一般都是选择异步电动机来驱动，这是因为异步电动机比同步电动机便宜，结构简单，也容易操作，如果电网已有足够的补偿能力，大型往复式压缩机也可选择用异步电动机驱动。

电动机的转矩不仅要考虑满载荷下的转矩特性，还要考虑启动情况下的转矩要求。这主要取决于压缩机形式、卸载方式以及惯性矩(WK^2)的大小等，另外还有电动机制造商对启动时间的限制。电动机制造商应提供各类电动机的启动曲线以符合压缩机启动的要求。

氢气压缩机所选择的电动机在防爆等级上比一般烃类加工所用的电动机要高，而且炼油厂的氢气压缩机功率都非常大。从价格、操作和维护方面考虑，宜选择增安型或正压通风型电动机，对于一些小型电动机，则优先选择隔爆型电动机。

由于增安型电动机在启动时可能会产生火花，因此要求增安型电动机在启动前都要像正压通风型电动机那样向机壳内充以惰性气体或不含危险气体的空气，充分吹扫之后才能启动电动机。电动机在运行过程中和停机时是不需要充气的。

大型电动机的冷却有两种方式：一种采用风冷；另一种为水冷。我国一些电动机制造厂生产的大部分为水冷式电动机。水冷式要求循环水质高，否则冷却效果就会随运转时间的加长而降低；其次要有漏水保护措施，一旦水箱泄漏，冷却水进入电枢中会造成事故。风冷式就能避免上述问题，但风冷式电动机体积要比水冷式大，结构也稍复杂一些。国产同步电动机的励磁机布置在电动机非驱动端的尾部，不适合在轴端再安装一台冷却风机，因此同步电动机一般采用水冷结构。

对于这台常减压装置的塔顶气压缩机，取机械效率 $\eta = 0.9$，计算总轴功率：

$$N = (W_{ad1} + W_{ad2})/\eta = 85.95/0.95 = 95.5 \text{kW}$$

其功率很小，选用隔爆型异步电动机，功率为 110kW，转速为 490r/min。功率储备系数 = (110-95.5)/95.5 = 15.1%。

（九）材料选择

炼油装置中常用的往复压缩机材料见表 1-9。

表 1-9　往复压缩机主要部件的材料

部件	无腐蚀性介质	含腐蚀性介质
曲轴箱	HT250	HT250
曲轴	35CrMo	35CrMo
连杆	35	35
中体	HT250	HT250
气缸	HT250，锻钢	镍基铸铁(Ni-Resist)，锻钢
活塞杆	42CrMoE[1]（用于有油润滑气缸）20Cr13[1]（用于无油润滑气缸）	17-4PH[1]
缓冲器	Q245R 或 Q345R	Q245R

① 根据 API 618 要求，活塞杆表面与填料接触的部位应采用耐磨材料喷涂，使其硬度达到 HRC50 以上。

如果介质中 H_2S 含量达到一定数值，与介质接触的部件应满足 NACE 0103 的相关要求。与酸性气体接触的碳钢或低合金钢类承压零件，材料的屈服极限不应超过 620MPa，硬度不得大于 HRC22，对于沉淀硬化不锈钢和其他非奥氏体不锈钢来说，屈服极限可适当增加到 827MPa，硬度不大于 HRC34。但活塞杆表面、阀片和弹簧是例外，因为过低的硬度对这些零件是不合适的。酸性气体环境见图 1-6。

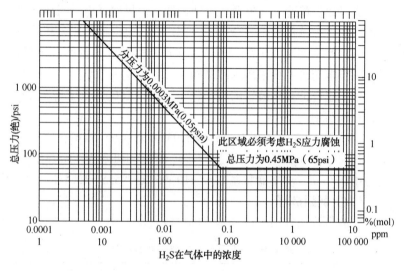

图 1-6 酸性气体环境的界定

注：1psi=6894.757Pa。

四、往复压缩机的声学脉动和机械振动控制

由于往复压缩机的不均匀运动，间歇性地向管道吸气和排气，激发管道内部气体产生振动，使管道内气体的压力和速度呈现周期性的变化，这种现象就是气流脉动。脉动在传播过程中，遇到管道中的弯头、大小头、阀门、盲管等，就产生交变载荷，导致管道产生机械振动。压缩机管道系统的气流脉动会带来一系列危害，例如压缩机的容积效率下降，气阀工作条件恶化，功率

16

消耗增加，控制仪表失灵等，机械振动会使管道的连接部位发生松动或疲劳破坏，甚至管道破裂导致泄漏。

API 618 标准提出了往复压缩机进行声学模拟和机械分析的三种方法，并给出了表 1-10 的选用导则，来规范三种方法的适用工况。

表 1-10　往复压缩机脉动计算方法的选用导则

压缩机出口压力/MPa	压缩机每只气缸额定功率/kW		
	≤55	50~220	>220
>20	方法 3	方法 3	方法 3
7.0~20	方法 2	方法 3	方法 3
3.5~7.0	方法 2	方法 2	方法 3
≤3.5	方法 1	方法 2	方法 2

方法 1 适用于一些小功率、操作压力低的机组，其主要思路是依据制造商的经验来设计进出口缓冲罐以控制压力的脉动。API 618 标准中定义了按方法 1 设计进出口缓冲罐的最小容积。同时，一些工程公司限定了缓冲罐的容积不得小于与之相连的所有气缸行程容积的 12 倍。

方法 2 和方法 3 都需要压缩机制造商根据专有软件，模拟实际的压缩机及其关联系统，以达到控制设备和管道内部压力脉动和机械设备振动的目的。若采用方法 2 或方法 3 进行计算，则需要将机组上下游所有的相关设备和管道纳入计算范围，直至追溯到下面定义的计算终点为止：

（1）完全关闭的阀门；

（2）一台足够大的容器，其定义原则按图 1-7；

（3）一台压力控制阀，其前后压比大于 1.6；

（4）作为一个分支并入一条大管道（直径为其 3 倍以上）；

（5）一个气液混合点；

（6）一条可以认为无穷远的管道。

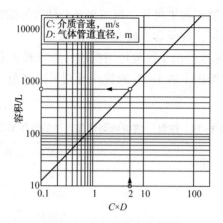

图 1-7　大容器的定义原则

（一）往复压缩机的声学脉动

根据 API 618，压缩机气缸法兰处未过滤的脉动峰–峰值 P_{cf}，以管线的平均绝对压力的百分比来表示，应限制在 7% 或由公式（1-15）的计算值，二者取较小值。

$$P_{cf} = 3 \times R\% \qquad (1-15)$$

式中　R——当前气缸的压缩比。

按照计算方法 1 设计的缓冲器，其管线侧法兰处未过滤的脉动峰–峰值 P_1 应限定在公式（1-16）的计算值之内。

$$P_1 = \frac{4.1}{(P_L)^{\frac{1}{3}}}\% \qquad (1-16)$$

式中　P_L——管线平均绝对压力，$10^5 Pa$。

按照计算方法 2 或 3 设计的缓冲器，其管线侧法兰处未过滤的脉动峰–峰值 P_1 应限定在公式（1-17）的计算值之内。

$$P_1 = \sqrt{a/(350)}\left[\frac{400}{(P_L \times D_I \times f)^{0.5}}\right] \qquad (1-17)$$

式中　a——气体的声速，m/s；

　　　P_L——管线的平均绝对压力，$10^5 Pa$；

　　　D_I——管线的内径，mm；

18

f——脉动频率，Hz，由式(1-18)计算。

$$f = \frac{N \times Z}{60} \qquad (1-18)$$

式中　N——转速，r/min；

　　　Z——整数1，2，3…对应于基频和高阶频率。

如果缓冲器不含分离功能，则通过缓冲器的压力降不应超过管线平均绝对压力的0.25%或者由公式(1-19)的计算值，二者取大值。

$$\Delta P = 1.67 \left(\frac{R-1}{R} \right) \% \qquad (1-19)$$

式中　R——当前气缸的压缩比。

如果缓冲器具有分离功能，则通过缓冲器的压力降不应超过管线平均绝对压力的0.33%或者由公式(1-20)的计算值，二者取大值。

$$\Delta P = 2.17 \left(\frac{R-1}{R} \right) \% \qquad (1-20)$$

(二) 往复压缩机的机械振动

压缩机、缓冲器、管线系统的固有频率应有效地避开激振频率，满足以下隔离裕度的要求：

(1) 任何压缩机或者管路系统元件的最小机械固有频率应大于额定转速的2.4倍。

(2) 预期的机械固有频率应与重要的激振频率之间相差至少20%。

现场管道振动的振幅可按图1-8进行验收。

五、往复压缩机的反向角

如图1-9所示，活塞从外死点向内死点运动，再回到外死点的过程中，盖侧压力与轴侧压力有两个交点。#1点之前，盖侧压力高于轴侧压力，活塞杆受压，十字头销被推到小头瓦的后部。#1点与#2点之间，轴侧压力高于盖侧压力，活塞杆受拉，

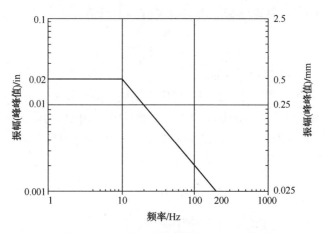

图 1-8　往复式压缩机管道振幅验收准则

十字头销被推到小头瓦的前部，这样十字头销与衬套之间的间隙发生改变。#2 点之后，活塞杆又回到受压状态。在这一个周期内，十字头销前后移动，十字头前后的间隙时开时闭，十字头销的四周便能接受充分的润滑，并在两侧建立良好的油膜。

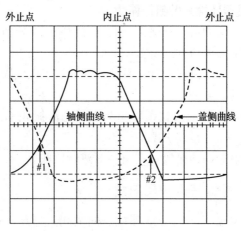

图 1-9　盖侧与轴侧压力-时间曲线

以上的分析没有考虑往复质量的惯性力、活塞杆的截面积等。对于一些小直径气缸，若考虑这些因素，可能会出现活塞杆

20

受力一直为单一方向，活塞杆始终承受压力或拉力，十字头销将得不到良好的润滑，造成小头瓦的过早失效。因此，在设计中必须要求在曲轴360°的旋转范围内，活塞杆反向角不得小于15°，同时反向负荷的幅值不应小于正常活塞杆综合力的3%。

六、往复压缩机的负荷调节

往复压缩机一般按最大量进行选型，在实际的操作过程中往往需要降量操作。往复压缩机有卸荷器卸荷、余隙容积调节、旁路调节以及控制吸气阀关闭时间的无级调节等负荷调节手段。

（一）卸荷器卸荷

炼油厂应用的往复压缩机一般为双作用气缸，可以使用卸荷器将其中一侧或两侧的吸气阀强制开启，当气体吸气过程结束后开始压缩时，由于吸气阀的开启，气体从吸气阀漏回吸气腔，使得该侧气缸的排气量为零。对于每级均是单只双作用气缸的压缩机来说，用这种方法可以实现0、50%、100%三级调节。若每级的气缸数量不止一只，还可以实现其他级别的调节。例如每级两只双作用气缸，则可以实现0、25%、50%、75%、100%五级气量调节。对于多级压缩机，第一级通常决定了整台机组的气量，如果仅仅将第一级卸载，可能会引起中间级的压力分配发生极大的变化，并有可能使最末级的气缸载荷超出极限，因此最好将每一级同时进行卸载。常用的卸荷器有下面三种：

（1）叉式卸荷器，如图1-10(a)所示。压叉由气动执行器驱动，卸荷时，压叉把阀片从阀座上推开，使吸气阀在整个操作过程中一直保持打开状态。为了获得足够的通流面积，通常每台吸气阀安装一台卸荷器。

（2）塞式卸荷器，如图1-10(b)所示。在吸气阀中心开一个特殊的销孔，用于气缸和吸气腔的连通。

（3）孔式柱塞卸荷器，如图1-10(c)所示。用于一侧有多个吸气阀的气缸卸荷，适用于相对分子质量小的气体。气缸每侧的一个进气阀由孔式柱塞卸荷器代替。卸荷器与气阀完全分开，此时气阀与卸荷器的动作互不干扰。

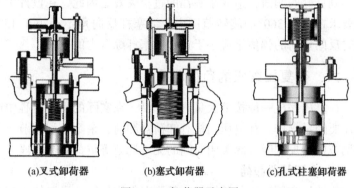

(a)叉式卸荷器   (b)塞式卸荷器   (c)孔式柱塞卸荷器

图 1-10　卸荷器示意图

（二）余隙容积调节

　　根据式(1-3)通过改变余隙容积，可以得到不同的容积系数λ_v，从而获得不同的排气量。余隙容积可以是固定容积，也可以是可调容积。但由于可调余隙腔的可靠性较差，应用较少。固定余隙容积调节是在缸盖侧增加一个空腔，当余隙容积与气缸连通，则压缩机的输出气量下降，其操作原理与孔式柱塞卸荷器相同，如图 1-11 所示。

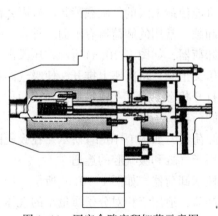

图 1-11　固定余隙容积卸荷示意图

（三）旁路调节

旁路调节是最简单而又常用的调节方式，几乎炼油装置的每台机组都配置有旁路调节手段。一般将入口压力和出口压力作为控制参数比选后控制返回线调节阀的开度，来调节进入下游装置的气量。

（四）气量无级调节

气量无级调节系统是基于压缩机的回流控制原理。吸入气缸的气体有一部分被推回到吸气管网，如图 1-12 所示为典型的压缩机 P-V 图。在活塞的往复运动中，当气缸进气终了开始压缩时，C 点作为一个循环的起点。若没有安装气量调节系统，压缩过程将由 C 点沿最外侧曲线达到 D 点，然后开

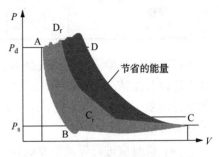

图 1-12　无级气量调节系统原理图

始排气过程。如果安装了气量调节系统，进气阀的阀片在执行机构的强制作用下，由 C 点运行到 C_r 点，在此期间由于进气阀保持为开启状态，一部分气体经过开启的进气阀回到压缩机入口，之后执行机构放开进气阀片，进气阀片回到阀座上，形成气缸封闭容积再开始压缩过程。压缩过程沿压缩曲线从 C_r 点到达 D_r 点，气体压力达到额定排气压力后开始排气过程。P-V 图中右边灰色阴影面积就是节省的能量。采用这种调节方式，可以实现20%~100%的气量连续调节。

七、往复压缩机的检验与试验

往复压缩机及其辅助系统至少应按下列项目进行检验和试验。

（1）主要零部件的材料应做机械性能检验和化学成分分析，例如，气缸、缸盖、曲轴、缸套、连杆、活塞杆和十字头等。

（2）无损检测：无损检测内容及手段见表 1-11。

表 1-11　无损检测内容及手段

零件名称	检查手段			
	磁粉	着色	超声波	射线
曲轴、连杆、活塞杆	√		√	
大头瓦连接螺栓	√			
主轴承盖连接螺栓	√			
十字头销	√		√	
活塞杆与十字头连接紧固螺栓	√			
气缸端盖螺栓		√		
焊缝		√		√

（3）水压试验。气缸、气缸盖、气缸冷却水套和活塞等承压部件应以常温洁净水进行水压试验，在保压 30min 内不得有漏水和冒汗现象。试验压力（表）不小于设计压力的 1.5 倍，且不小于 0.8MPa。

（4）机身应进行煤油渗漏试验。

（5）气缸应进行泄漏试验。对于压缩小分子（相对分子质量小于 12）的气缸，应以氦气为介质做泄漏试验；对于大分子，可以使用氮气为试验介质。

（6）机械运转试验。往复压缩机在出厂前应做无负荷机械运转试验，试验过程中应监测转速、机身振动、气缸振动和轴承温度等参数。

试验结束后，应立即检测活塞杆摩擦面的温度、曲柄销的金属温度、十字头和十字头滑履的金属温度等。

八、国内往复式压缩机产品

国内有若干制造往复式压缩机的厂家，如沈阳透平机械股份有限公司、沈阳远大压缩机股份有限公司、上海电气集团大隆机器厂有限公司、无锡压缩机股份有限公司、江阴开益压缩机公司及浙江强盛压缩机制造有限公司等。近年来，这些制造商取得了长足的进步，基本实现了炼油厂往复式压缩机组的国产化，打破了往复压缩机长期被国外制造商垄断的局面。国内压缩机型号一般为 2D 40-15/20-90，各字段代表的意思如下：

第一段数字：2 代表压缩机的列数，也可以为 4 或 6；

第二段字母：D 代表两列对称平衡型，可以为 M（4 列对称平衡型）；

第三段数字：40 代表机架大小，即机身能承受的最大气体力为 40 t；

第四段数字：15 代表入口状态下的气量，m^3/min；

第五段数字：20 代表入口压力（表），$10^5 Pa$；

第六段数字：90 代表出口压力（表），$10^5 Pa$。

目前国产最大的往复压缩机为沈阳透平机械股份有限公司（简称沈鼓）生产的 4M150，其主要参数见表 1-12。

表 1-12　沈鼓往复压缩机的技术参数

机身规格	150	80	50	40	32	25	20	16	10	6
最大行程/mm	500	450	450	400	320	320	320	280	220	200
最大允许气体载荷/kN	1250	800	500	400	320	250	200	160	100	55
最大允许综合活塞力/kN	1000	630	400	320	250	200	160	125	80	50
活塞杆最大允许载荷/kN	1100	693	440	352	275	220	176	138	88	55
活塞杆直径/mm	160	130	105	95	85	75	65	60	50	40
曲轴轴径/mm	450	360	280	250	225	200	185	160	125	110
十字头销直径/mm	450	360	280	250	225	200	185	160	125	110
连杆中心长/mm	1180	1000	950	850	770	700	650	600	460	420

九、特殊类型的往复压缩机

（一）组合式压缩机

在一些小规模的汽柴油加氢精制装置、润滑油加氢装置和催化汽油吸附脱硫（S-Zorb）装置中，循环氢压缩机仅适宜选择往复压缩机，此时可以将新氢压缩机和循环氢压缩机设计成组合机组，即，新氢压缩机的气缸与循环氢压缩机的气缸共用机身和驱动机，如图 1-13 为柴油加氢精制装置中的组合机组，左边两列

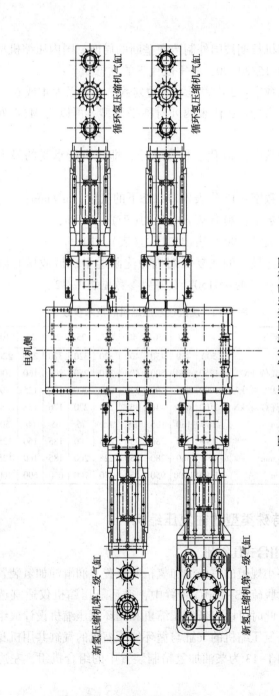

图1-13 组合式往复压缩机示意图

循环氢压缩机气缸

循环氢压缩机气缸

电机侧

新氢压缩机第二级气缸

新氢压缩机第一级气缸

气缸分别为新氢的一、二级，右边两列均为循环氢气缸。如果是润滑油加氢装置，仍然选择四列机身，其中三列为新氢，第四列为循环氢。一般来讲，如有以下情况，可以考虑配置两台二合一机组，一台操作、一台备用。

（1）新氢部分为 2 级或 3 级压缩；

（2）循环氢流量较小；

（3）蒸汽条件不好；

（4）厂房空间紧张。

新氢循环氢组合式机组与传统分设机组的配置方案（分别设置两台往复式新氢压缩机和一台离心式循环氢压缩机）相比，具有以下特点：

（1）新氢和循环氢均有 100% 备用；

（2）占地小；

（3）投资较低；

（4）效率高，能耗低；

（5）备件简单，操作维护方便。但易损件多，维护量大；

（6）新氢压缩机和循环氢压缩机必须同开同停，对机组的性能要求高。对于一些反应剧烈、放热量大的装置，要求循环氢压缩机的可靠性非常高，如加氢裂化装置，不易选择此类机组。

（二）迷宫压缩机

1. 基本结构

迷宫压缩机也属于往复压缩机，其结构如图 1-14 所示，与普通活塞压缩机的工作原理相同，传动机构为曲轴（9）、连杆、十字头（8）等，属于有油润滑区域。导向轴承（7）布置在十字头上方，保证活塞杆的上下往复运动。中间体（4）为过渡段，以隔离有油区和无油区域。活塞（1）和气缸（3）组成无油区域，完成气体的压缩。如果压缩机机身为承压结构，则称为闭式迷宫压缩机，其曲轴箱需承受排气压力，轴端采用机械密封，否则称为开式压缩机。

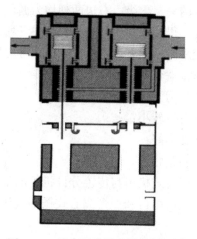

图 1-14 迷宫压缩机的结构剖面图

2. 基本特点

迷宫压缩机属于往复压缩机的一种，其热力学过程相同。区别在于迷宫压缩机的活塞与气缸之间的密封由迷宫完成，气缸镜面刻有细螺纹，没有活塞环和支撑环，如图 1-15 所示，因此迷宫压缩机为立式安装。迷宫式压缩机主要有以下 3 个基本特点：

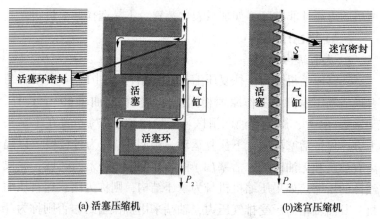

(a) 活塞压缩机　　　　　　　(b)迷宫压缩机

图 1-15 活塞压缩机与迷宫压缩机的气缸剖面图

（1）气缸内壁和活塞外缘是不接触的，活塞和活塞杆由精密导向轴承控制其运动方向；

（2）压缩过程是全无油；

（3）压缩介质不会受到过流部件磨屑的污染。

迷宫压缩机可以压缩含有一定粉尘量的气体、易聚合的气体、高温或低温气体，如火炬回收压缩机以及聚丙烯装置中的丙烯回收压缩机。

3. 国内的迷宫压缩机产品

国内有若干制造迷宫压缩机的厂家，如沈阳远大压缩机股份有限公司、江阴开益压缩机有限公司、无锡压缩机股份有限公司等。国内压缩机型号表示为图1-16。目前国产最大的迷宫压缩机为沈阳远大压缩机股份有限公司生产的6K375。

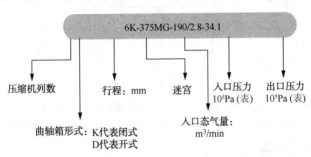

图1-16　迷宫压缩机型号命名原则

第二节　离心压缩机

一、离心压缩机的基本结构

离心式压缩机主要由壳体、转子和定子等几大部分组成，如图1-17所示。离心压缩机可以理解为由一系列的基本级构成，级是离心机中最基本的能量转换单元，它由一个旋转的叶轮和几个固定的静止部件组成。叶轮将输入的机械能转化为介质的动能，静止部件将介质的动压能转化为静压能。一般来讲，离心压缩机由首级、中间级和末级组成。

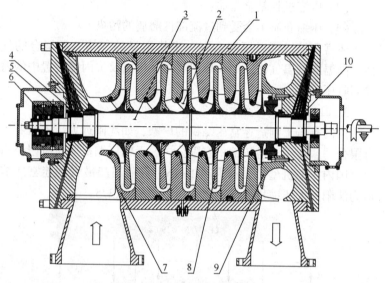

图 1-17　离心压缩机剖面图

1—壳体；2—叶轮；3—主轴；4—轴端密封；5—径向轴承；

6—推力轴承；7—吸入蜗壳；8—隔板；9—排气蜗壳；10—径向轴承

（一）壳体

压缩易燃或有毒介质，壳体必须采用碳钢或合金钢。壳体可以锻造，也可以采用钢板卷制。空气压缩机可以采用铸铁机壳。若符合下面条件之一，壳体应采用径向剖分结构：

（1）介质中氢分压超过 1.38MPa（表）；

（2）介质中氢气浓度超过 70%。

壳体的最大许用工作压力应不低于压缩机出口安全阀的设定值。如果没有安装安全阀，最大许用工作压力应至少是所有工况中最大出口压力的 1.25 倍。

（二）转子部分

转子部分包括叶轮、主轴、轴套（级间轴套和轴端轴套）和平衡盘。叶轮是转子的主要部件,气体通过叶轮获得动能;平衡盘主要用于减少由于叶轮两侧压力差所产生的推力。也有采用背靠背的叶轮布置方式来平衡轴向推力,从而取消平衡盘。转子在出厂前都要经过动平衡试验,以确保压缩机在正常运行时转子振动值在允许范围内。

1. 叶轮

炼油厂使用的离心压缩机一般用于压缩富气或氢气,叶轮使用沉淀硬化不锈钢 17-4PH。叶轮先经锻制,再铣出流道,最后与轮盖焊接。也有国外制造商采用整体铣制叶轮的工艺。

当压缩介质的氢分压超过 0.689MPa 或者任何压力下的氢气浓度超过 90%,其不允许使用屈服强度超过 827MPa 或者硬度超过 34HRC 的材料。

2. 主轴

主轴与工艺介质不接触,使用合金钢锻造,并经适当的热处理工艺。材料为 40CrNiMo7。

(三)定子部分

定子部分也可分为进气段、隔板(包括扩压段、弯道和导流叶片)、蜗室、级间密封(迷宫式密封)和排气段。定子为轴向剖分结构,上半部与下半部用螺栓连接成筒体,转子则放置在它的中间。上下的两半内壳体可以是整体铸造,也可以是用连接螺栓将各部件沿轴向位置装配起来的组合件。

离心压缩机在炼油装置主要用于加氢、重整装置的氢气压缩机,以及催化、焦化装置的富气压缩机,其典型材料见表 1-13。

表 1-13　离心压缩机常用材料

序号	名称	加氢循环氢压缩机	重整循环氢压缩机	富气压缩机
1	壳体	20CrMo	20、Q235R	Q345R
2	叶轮	FV520B	FV520B	FV520B
3	主轴	40CrNiMo7	40CrNiMo7	40CrNiMo7

序号	名称	加氢循环氢压缩机	重整循环氢压缩机	富气压缩机
4	隔板	ZG230-450 20 16Mn	ZG230-450 20 Q235	ZG230-450 QT400-18 HT250
5	平衡盘	12Cr13	12Cr13	12Cr13
6	迷宫密封	LD10	LD10	ZL104

二、离心压缩机的基本原理和热力计算

离心式压缩机和离心泵的工作原理基本相同，区别仅在于两者的工作介质不同。如图 1-18 所示离心叶轮的进出口速度三角形，介质随高速旋转的叶轮加速，然后在静止的扩压器中速度滞止下来，将速度能转变为压力能。介质在叶轮内的速度 c 可以分解为随叶轮旋转进行周向运动（速度 u）和沿叶轮进行离心运动（速度 ω）。

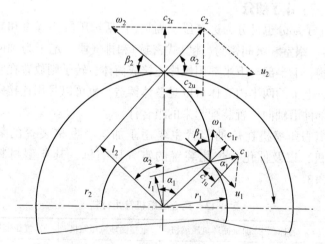

图 1-18　离心叶轮进出口速度三角形

为了便于分析液体在叶轮内获得的能量，通常把液体的运动轨迹分解为：

（1）介质沿叶轮的旋转进行周向运动，如图 1-18 的速度 u；

（2）介质沿叶轮进行离心运动，如图 1-18 的速度 ω。

假定单位时间流经叶轮的液体质量为 m，分析叶轮进出口动量矩 M 的增量。

$$\Delta M = M_2 - M_1 = m \cdot c_2 \cdot l_2 - m \cdot c_1 \cdot l_1 \qquad (1-21)$$

$$\Delta M = m \cdot (c_2 \cdot r_2 \cdot \cos\alpha_2 - c_1 \cdot r_1 \cdot \cos\alpha_1) \qquad (1-22)$$

假定叶轮旋转角速度为 ω，根据动量矩定理，则 $\Delta M \cdot \omega$ 就是液体从叶轮中获得的能量 $m \cdot H_t$，同时 $u_2 = r_2 \cdot \omega$，$u_1 = r_1 \cdot \omega$，因此可以得到：

$$H_t = \omega \cdot (c_2 \cdot r_2 \cdot \cos\alpha_2 - c_1 \cdot r_1 \cdot \cos\alpha_1) \qquad (1-23)$$

$$H_t = c_2 \cdot u_2 \cdot \cos\alpha_2 - c_1 \cdot u_1 \cdot \cos\alpha_1 \qquad (1-24)$$

$$H_t = \frac{c_{2u} \cdot u_2 - c_{1u} \cdot u_1}{g} \qquad (1-25)$$

这就是所有叶轮机械都适用的欧拉（Euler）方程。利用三角形的余弦定理可得到下列关系式：

$$\omega_1^2 = u_1^2 + c_1^2 - 2u_1 c_{1u} \qquad (1-26)$$

$$\omega_2^2 = u_2^2 + c_2^2 - 2u_2 c_{2u} \qquad (1-27)$$

将上面两式代入式（1-25），得出欧拉方程的另一表达式，又称欧拉第二方程。

$$H_t = \frac{u_2^2 - u_1^2}{2g} + \frac{c_2^2 - c_1^2}{2g} - \frac{\omega_2^2 - \omega_1^2}{2g} \qquad (1-28)$$

式中　H_t——理论扬程，m；

　　　u_2——叶轮出口处的圆周速度，m/s；

　　　c_2——液体离开叶轮的绝对速度，m/s；

　　　ω_2——液体离开叶轮的相对速度，m/s；

　　　c_{2u}——叶轮出口绝对速度沿圆周方向的分量，m/s；

　　　u_1——叶轮入口处的圆周速度，m/s；

　　　c_1——液体进入叶轮的绝对速度，m/s；

　　　ω_1——液体进入叶轮的相对速度，m/s；

c_{1u}——叶轮入口绝对速度沿圆周方向的分量，m/s；

g——重力加速度，m/s^2。

欧拉方程指出了叶轮与流体之间的能量转换关系，它遵循能量转换与守恒定律。该方程不仅适用于气体，也适用于液体。离心泵叶轮也有同样的欧拉方程。假定叶片为无限多，气体为理想气体，单位质量气体通过叶轮获得的能量 H_{th} 可以表示为：

$$H_{th} = u_2 c_{2u} - u_1 c_{1u} \qquad (1-29)$$

如果叶片数量为有限多，叶轮的出口速度之间的关系为：

$$c_{2u} = u_2 - c_{2r} \mathrm{ctg}\beta_2 - \frac{\pi u_2}{Z} \sin\beta_2 \qquad (1-30)$$

式中 Z——叶轮的叶片数量。

如果入口周向分速度为零，则可以得到：

$$H_{th} = u_2 c_{2u} = u_2 \left(u_2 - c_{2r} \mathrm{ctg}\beta_2 - \frac{\pi u_2}{Z} \sin\beta_2 \right) \qquad (1-31)$$

$$H_{th} = u_2{}^2 \left(1 - \frac{c_{2r}}{u_2} \mathrm{ctg}\beta_2 - \frac{\pi}{Z} \sin\beta_2 \right) \qquad (1-32)$$

通常规定：

$\varphi_{2r} = \dfrac{c_{2r}}{u_2}$，为叶轮出口的径向分速度系数，亦称为流量系数。流量系数对级效率有较大影响。

$\varphi_{2u} = 1 - \dfrac{c_{2r}}{u_2} \mathrm{ctg}\beta_2 - \dfrac{\pi}{Z} \sin\beta_2$，为叶轮出口的周向分速度系数，亦称为能量头系数，炼油装置中离心机的能量头系数一般为 0.4~0.6。

通过能量头系数的定义，式(1-32)可以简化为：

$$H_{th} = \varphi_{2u} u_2{}^2 \qquad (1-33)$$

可见，提高机组运行转速，即提高了圆周速度 u_2，有利于提高叶轮的能量头。圆周速度 u_2 也称作叶轮轮尖速度（Tip Speed）。圆周速度受叶轮材料和强度的限制，同时也与气体组成相关，叶轮出口的气体流速不宜超过当地音速。炼油装置中的流

34

程压缩机均使用闭式叶轮，其在正常转速下的圆周速度不宜超出 280m/s，空气压缩机的圆周速度可以达到 320m/s。

离心压缩机的理论功率式(1-34)计算：

$$N = \frac{16.67 p_1 V_1 \dfrac{m}{m-1}\left[\left(\dfrac{P_2}{P_1}\right)^{\frac{m-1}{m}} - 1\right]}{\eta_p} \qquad (1-34)$$

式中　N——理论功率，kW；

η_p——多变效率；

P_1——入口压力(绝压)，MPa；

P_2——出口压力(绝压)，MPa；

V_1——入口状态下进气量，m³/min；

m——多变过程指数，与绝热指数 k 之间有如下的关系：

$$\eta_p = \frac{\dfrac{m}{m-1}}{\dfrac{k}{k-1}} \qquad (1-35)$$

实际功率消耗 N_s 还必须考虑机械效率和传动效率。

$$N_s = \frac{N}{\eta_g \cdot \eta_c} \qquad (1-36)$$

式中　η_g——机械效率，一般取 0.94~0.98；

η_c——传动效率，直接传动时可取为 1.0，齿轮箱传动时取 0.93~0.98。

离心压缩机的能量头 H_p 相当于离心泵的扬程，由下式计算：

$$H_p = \frac{m}{m-1} z R T_1 \left[\left(\frac{P_2}{P_1}\right)^{\frac{m-1}{m}} - 1\right] \qquad (1-37)$$

式中　z——压缩因子；

R——气体常数。

国内外制造商习惯于用叶轮直径和级数来描述压缩机的大

小。不同直径叶轮输送的最大气量可参照表1-14选取。

表1-14　不同叶轮的最大输气量

叶轮直径/mm	350	400	450	520	600	700	800	900	1000	1100	1200	1300
最大气量/(m^3/s)	3.5	4.7	5.9	7.9	10.5	14.3	18.7	23.7	29.2	35.4	42.1	49.4

注：350mm叶轮应用较少，常常以400mm叶轮代替。

　　机组在初步选型时可以先根据表1-14选择合适的叶轮直径，受转子稳定性的限制，实际气量往往小于表中的最大值。然后由式(1-37)计算出机组总能量头，按照单级能量头约25~43kJ/kg的范围(小相对分子质量或小流量取较小值)，计算出所需要的级数。机组的级数一般不超过10级。

三、离心压缩机的性能

(一)喘振

　　当叶轮的进口流量低到一定数值后(转速不变时通常约为设计流量的65%)，气体在叶轮入口的流动方向和叶片进口角不一致，此时冲角增加，从而引起边界层严重分离。由于各个叶片的加工和安装不可能完全相同，同时由于来流的不均匀性，所以叶道中气流边界层的分离不会在所有叶片表面同时发生，而总是在某一个或几个叶片上首先发生，如图1-19中的叶道B，这样就减小了叶道B的有效通流面积，使得原本要通过B的气体流向A或C，随即改变了原来流向A、C的气流方向，使得进入C的气流冲角有所减小，进入A的气流冲角更加增大，叶道A内的气流旋转分离更加严重，反

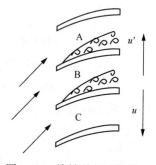

图1-19　旋转脱离示意图

过来影响叶道B，这样分离现象由叶道B扩散至A，沿叶轮旋转方向反向推进，如图中的速度u'，这种现象称为旋转脱离[3,4]。

　　若流量进一步减小，脱离团区域进一步扩大，占据大部分叶

道甚至整个环流面积，致使所有叶道都发生严重的分离，这种情况下，出口压力大幅下降，并造成管网气体压力高于叶轮出口压力，气体倒流入压缩机，将气体推回压缩机入口管网。由于气体的回流，造成压缩机出口管网内气体压力下降，气体又从压缩机入口吸入并排向出口管网，这种在压缩机内发生的气体来回流动的现象称为喘振。压缩机发生喘振时，气流来回震荡，导致压缩机叶片产生强烈的振动，并产生周期性的交变应力，使得机组的性能恶化，并有破坏的危险。机组的设计和控制应考虑必要的防止发生喘振的措施。

（二）压缩机的堵塞

当流量不断增大时，气流产生较大的负冲角，使叶片工作面上发生分离。当流量达到最大，叶轮做功全部转化为能量损失，压力不再升高，甚至使叶片的流动变为收敛，或者叶轮最小截面处出现音速。这时压缩机达到堵塞工况，压力得不到提升，流量也不再增大，堵塞点就是性能曲线上的右端点。

（三）性能曲线

典型的离心机性能曲线如图 1-20 所示，由一族压力和功率随流量变化的曲线组成。每条曲线对应于不同的运行转速。每条曲线的曲线左端点构成了机组的喘振线（Surge Line），左侧就是喘振区域。为确保机组的安全运行，一般要求操作在喘振控制线（Surge Control Line）的右侧，喘振线与喘振控制线需保留 5% ~ 10% 的隔离区。额定排气压力下的喘振流量 Q_1 与额定流量的比值以百分数表示，API 617 定义为机组的降量率（Turndown Ratio），也理解为机组的调节范围。降量率应低于 80% 为宜。额定转速下的喘振流量 Q_2 与额定流量的比值以百分数表示，称为操作稳定性（Operating Stability）。设计中须避免转速的调节范围与第一或第二阶临界转速太近，应保证足够的隔离裕度。高压加氢装置中的氮气工况下转速有可能超出调速器的调节范围，往往只能手动调速。

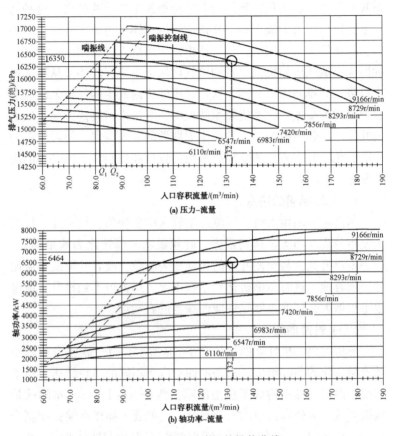

(a) 压力-流量

(b) 轴功率-流量

图 1-20　离心压缩机的性能曲线

（四）离心压缩机的调节

如果机组的实际运行点与设计点一致，则具有较高的效率。而实际操作过程中，由于装置的操作弹性，使得机组的实际流量有增有减，这就需要调整机组的运行点以适应工艺的需求。常用的离心压缩机调节方法有以下几种。

1. 出口节流

压缩机出口阀门节流调节实际上是人为加大管网阻力，改变了机组出口管网的阻力特性，使得机组的运行点相应调整。出口节流是一种非常简单也是常用的调节手段，这种调节方法能耗大，只能作为短时的调节措施。

2. 入口节流

入口节流适用于恒速驱动的场合。入口节流降低了入口压力，机组的排气压力也相应降低，机组性能曲线与管网阻力曲线的交点随之变化，得到新的运行点。入口节流时，气体的密度下降，进入机组的质量流量比出口节流时要小，因此入口节流比出口节流调节的稳定工况范围大，也更经济一些。

3. 变转速调节

这是离心机最常用也最经济的调节方式，如果流量发生改变，机组控制系统自动将压缩机操作到合适的转速来适应新工况下的气量。转速调节既可在变压下得到恒定的流量，也可在恒压下得到可变的流量，或是二者的组合。变转速驱动机可以是汽轮机、变频电动机或恒速电动机加液力耦合器联合驱动的方式。

4. 旁路调节

轻烃回收装置的干气来自多套不同类型的装置，其气量变化非常大而且波动非常频繁，如果采用转速调节，机组运行很不稳定。应用于此类装置的离心压缩机常采用固定转速加旁路调节的方式，多余气体返回入口或放空，但经济性差。

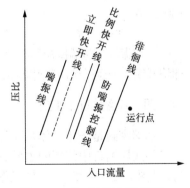

图 1-21　防喘振控制示意图

（五）防喘振控制

常用的防喘振逻辑是动态防喘振模式，由机组控制系统完成。如图 1-21 所示，在防喘振画面上有 5 条线，即喘振线、立即快开线、比例快开线、防喘振控制线和徘徊线。

1. 徘徊线

徘徊线在正常运行点的左侧 5% 处，用以限制运行点的过快移动。当运行点远离防喘振控制线时，防喘振控制器的输入值为徘徊线的横坐标，此时防喘振阀完全关闭，若工况突然发生变化，运行点快速移动到徘徊线的左侧，徘徊线不会立即跳跃到运行点的左侧，而是按着设定好的速率向左移动，这样在一定时间内，运行点始终位于徘徊线的左侧，防喘振阀预先微量开启，将运行点拉回徘徊线右侧，防止运行点过快逼近防喘振控制线。

2. 喘振线

喘振线是制造商根据压缩机的设计而绘制的机组发生喘振时的曲线。

3. 防喘振控制线

防喘振控制线在程序中设定，一般位于喘振线右侧 10% 处。但如果控制系统的响应不足以避免喘振的发生，防喘振控制线将随着喘振发生的次数逐次向右移动。如：发生一次喘振，防喘振控制线右移 2%。

4. 比例快开线

在喘振线与防喘振控制线之间距离喘振线 70% 处，设定一条比例快开线，0~70% 的流量区域分别对应于防喘振阀开度的 100%~0。

5. 立即快开线

在喘振线与防喘振控制线之间距离喘振线 2% 处，设定一条立即快开线，若运行点移动到立即快开线左侧，防喘振阀立即全开。

四、压缩机的轴封

轴端密封是防止气体从压缩机两侧轴伸处泄漏的重要部件，在离心式压缩机中使用的主要有迷宫密封（见图 1-22）、机械密封（见图 1-23）、浮环密封（见图 1-24）和干气密封（见图 1-25）。压缩安全介质，如空气、氮气等，可以采用迷宫密封。如果在迷宫中间注入蒸气、氮气等惰性气体，在气缸侧抽出进行酸油处理，在大气侧设置抽汽系统，这样迷宫密封演变为阻塞密封，国内以前有人将这种蒸汽阻塞密封应用到催化裂化装置的富气压缩机上，但由于其能耗大、故障率高，现在已很少采用。

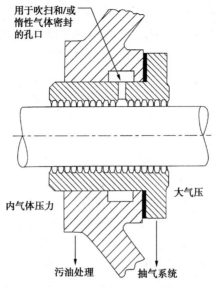

用于吹扫和/或
惰性气体密封
的孔口

内气体压力

大气压

污油处理　抽气系统

图 1-22　迷宫密封剖面图

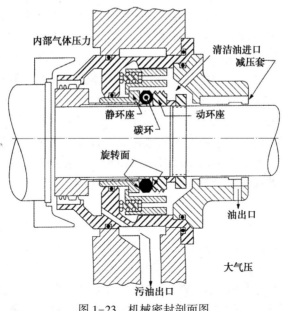

内部气体压力

清洁油进口
减压套

静环座　动环座

碳环

旋转面

油出口

大气压

污油出口

图 1-23　机械密封剖面图

压缩机使用机械密封与离心泵所使用的轴封类似，它是依靠动环和静环的端面形成的油膜阻止气体向大气侧泄漏。油站提供密封油，这种密封最高使用压力为 5.0MPa 左右，密封所产生的污油量(与气体接触的油)较少。国内制造商曾开发了一种油膜螺旋槽端面密封，这种密封是机械密封的一种变体，由于在动环的端面上刻有螺旋槽(类似于干气密封)，使密封所产生的污油量几乎为零。

超过 5.0MPa 特别是超过 12.0MPa 的轴端密封，在 20 世纪 90 年代以前一般都使用浮环密封。该密封由几组浮环组成，浮环可径向移动，但不能旋转，清洁的密封油注入浮环与轴套之间的间隙，随着轴的旋转，浮环与轴套之间形成液膜，类似于轴承的油膜原理，油膜起密封的作用。因此浮环密封也称作液膜密封(Liquid-film Seal)。浮环密封应设置单独的密封油系统，其压力必须精确控制，一般比气缸内压力高 0.05~0.1MPa，来控制密封油经内浮环的泄漏量。这部分泄漏量与工艺介质接触混合后排出，形成酸油，必须经过脱气处理、油气分离才能继续使用。另外一部分密封油经过外浮环流出，这部分封油与介质没有接触，可以直接回到油箱回用。如果密封压力很高，可以设置多组外浮环。浮环与轴套之间的间隙与轴径的比值约 0.0005~0.002，内浮环间隙较小，外浮环间隙较大。浮环密封结构简单，使用压力高，但它的缺点是污油量大、能耗大[5]。对于中、高压的循环氢压缩机来说，由于润滑油和密封油压力相差甚远，又为了防止污油污染润滑油，必须将润滑油站和密封油站分开设置，且浮环密封极易造成工艺介质的污染，目前这种密封结构基本上已被淘汰。

干气密封是近几十年来发展起来的一种新型密封装置，它是一种非接触式密封，依靠刻在动环端面上的螺旋形槽与静环(石墨环)形成微小的气隙，从而阻止气体的泄漏(允许有微量泄漏存在)，国外已经将干气密封应用到 40.0MPa 的场合。动环在转动中由于螺旋槽的泵送效应，与静环是不接触的，正常运转过程

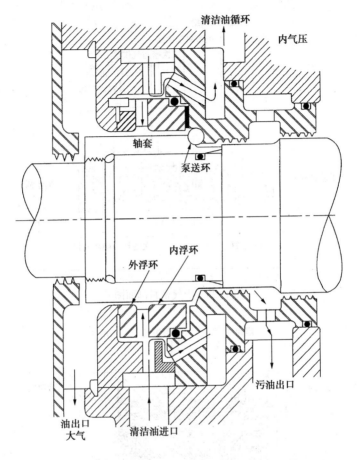

图 1-24　浮环密封剖面图

中，动静环之间形成气膜密封，其耗功非常小，发热量也很小，
也不需要专用的密封油装置，对润滑油不会造成危害。近年来在
炼油装置中的离心式压缩机中得到了大量的应用。目前炼油厂的
氢气压缩机一般采用图 1-25 所示的带中间迷宫的串联干气密
封。富气压缩机和解吸气压缩机由于其相对分子质量较大，容易
在密封面结焦，可以采用双端面干气密封，如图 1-26 所示，缓
冲气和密封气均采用氮气。

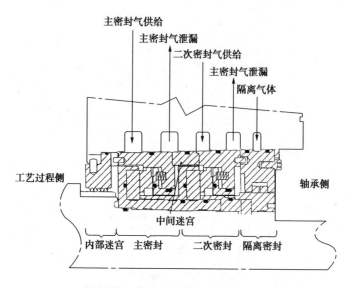

图 1-25　干气密封剖面图

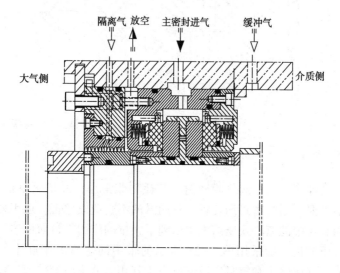

图 1-26　双端面干气密封结构剖面图

干气密封对密封气体有如下要求：

（1）颗粒小于 $1\mu m$；

（2）足够的干度。密封气温度应高于露点 20℃ 以上；

（3）足够的流量，使得流经压缩机侧喉部梳齿的流速高于 5m/s，阻止压缩机介质向干气密封扩散。

因此，干气密封应配备一套独立的控制盘，进行气体的过滤、干燥和稳压等操作。在压缩机停机后，可能发生由于出口单向阀关闭不严导致机组反转的短时现象，如果需要密封仍然起作用，干气密封的设计需要考虑双向密封性，Johncrane 和 Flowserve 公司均开发了双向密封的槽型，如图 1-27 所示。

(a) Johncrane型线　　　　　　　　(b) Flowserve型线

图 1-27　双向密封槽示意图

五、离心压缩机的选型示例

某厂渣油加氢装置循环氢压缩机的气量为 $Q = 250000 Nm^3/h$，进气压力（表）$P_1 = 15.8 MPa$，进气温度 $T_1 = 60℃$，排气压力（表）$P_2 = 19.3 MPa$，介质相对分子质量 $M_w = 5.296$，等熵指数 $k = 1.372$，气体的摩尔组成如表 1-15 所示。

表 1-15　气体的摩尔组成

组分	H_2O	H_2S	H_2	C_1	C_2	C_3	C_4	C_5^+
体积分数/%	0.17	0.0045	85.23	9.34	2.97	1.52	0.5	0.27

同时，压缩机选型需考虑分子量在开工初期和末期的变化范围（3.651~6.855）。

（一）结构形式

计算氢气分压（H_2PP）为 $19.3 \times 0.8523 = 16.45MPa$，远大于 $1.38MPa$，因此应选择垂直剖分式壳体。

（二）叶轮直径计算

根据表 1-1，选取压缩因子 $Z = 1.1$。根据气体状态方程计算压缩机入口状态的气量 V_1：

$$V_1 = 1.1 \times \frac{250000}{159} \times \frac{60+273.15}{273.15} \tag{1-38}$$

$$V_1 = 2109m^3/h = 0.586m^3/s \tag{1-39}$$

由于 350mm 直径的叶轮应用较少，按照表 1-14，这里选择了 400mm 直径的叶轮。

（三）能量头计算

根据图 1-28[6]，选取多变效率 $\eta_p = 0.7$，根据式（1-35）或图 1-29，可以得出 $m = 1.63$。最小相对分子质量时为最苛刻工况，此时多变能量头最大。根据式（1-37），得出在相对分子质量为 3.651 时 $H_p = 172600Nm/kg$。

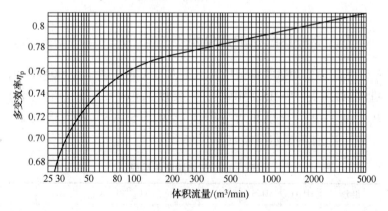

图 1-28　多变效率与流量的关系

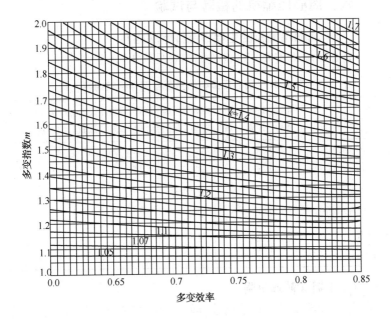

图 1-29　多变指数与多变效率的关系

此压缩机为氢气压缩机，单级能量头按 25kJ/kg，压缩机拟选择 6 级压缩。压缩机型号即 BCL406。选取多变能量头系数为 0.4，由式(1-33)，可以计算出轮尖速度 u_2：

$$u_2 = \sqrt{\frac{H_p}{6 \cdot \varphi_{2u}}} = 268 \text{m/s} \qquad (1-40)$$

得出的轮尖速度小于 280m/s，速度值是合理的。之后便可以通过叶轮直径得出转速：

$$n = \frac{u_2}{\pi D} = \frac{268}{3.14 \times 0.4} = 213.4 \text{r/s} = 12803 \text{r/min} \qquad (1-41)$$

因此，压缩机的选型大致为 400mm 叶轮，6 级压缩，大约运行在 12803r/min。

六、离心压缩机的检验与试验

（一）离心压缩机的主要零部件检测内容

离心压缩机主要零部件检测内容见表1-16。

表1-16　离心压缩机的主要零部件检测内容

项目	化学成份	机械性能	超声波	磁粉探伤	渗透探伤	消磁处理	水压试验	气密试验	机械跳动检查	电跳动检查
壳体、端盖	√	√	√	√	√		√	√		
主轴	√	√	√	√		√				
叶轮	√	√	√	√	√					
平衡盘、推力盘	√	√	√	√						
隔板	√	√		√						
转子									√	√

（二）叶轮超速试验

每个叶轮至少应在最高连续转速的115%下做超速试验，持续时间不小于1min，需记录轴孔、口环和叶轮外径等关键尺寸。

（三）转子动平衡试验

转子在装配期间，所有转动元件应该有序地进行多面低速（500~800r/min）动平衡。每次最多装上两个主要部件就要做一次动平衡。平衡校正只能在刚装上的元件进行。不平衡响应分析时的输入值按式(1-42)或式(1-43)计算值的2倍。

当 $N<25000$r/min，$U_{max}=6350\times W/N$　　　　　(1-42)

当 $N\geq25000$r/min，$U_{max}=W/3.937$　　　　　　(1-43)

式中　U_{max}——允许的最大不平衡量，$g\cdot mm$；

W——轴颈处的静态载荷，kg；

N——最高连续转速，r/min。

转子在真空状态下进行的高速动平衡试验可以替代低速动平衡。基于最大的轴承支架刚度，在轴承盖上测量的振动验收准则见表1-17。

表 1-17　转子高速动平衡试验允许振动值

转速 $n/(r/min)$	允许的振动值$/(mm/s)$
$n>3000$	7400/n 或 1，两者取小值
$n<3000$	2.5

（四）泄漏试验

压缩小分子（相对分子质量小于 12）气体的气缸，应以氦气为介质做泄漏试验；如果压缩大分子气体，可以使用氮气为试验介质。

（五）机械运转试验

压缩机应在工厂进行机械运转试验，在跳闸转速下运转 15min 后，再在最大连续转速下运转 4h。机械运转试车时机械性能应达到表 1-18 的要求，试车后进行解体检查。

表 1-18　机械性能要求

项　　目	单位	压缩机
轴振动	μm	≥25.4
轴位移	mm	≥±0.5
径向轴承温度	℃	≥95
止推轴承温度	℃	≥95
径向轴承润滑油温升	℃	≥30
止推轴承润滑油温升	℃	≥30

机械运转试验应验证横向临界转速。如果实测值与计算值之差超过±5%，需要修正振型。同时进行不平衡响应分析的工厂验证，并符合下列隔离裕度（M_{sr}）的要求。

（1）如果在某一临界转速上的放大系数 AF 小于 2.5，则该响应被看作临界阻尼，隔离裕度没有要求。放大系数按图 1-30 计算。

（2）如果在某一临界转速上的放大系数 AF 等于 2.5 或更大，

且临界转速低于最小运行转速,则该隔离裕度,以最小运行转速的百分数表示,应不小于公式(1-44)的计算值。

$$M_{sr} = 17 \times \left(1 - \frac{1}{AF-1.5}\right) \tag{1-44}$$

(3)如果在一临界转速上的 AF 等于 2.5 或更大,且临界转速高于最大连续转速,该隔离裕度,以最大连续转速的百分数表示,应大于公式(1-45)的计算值。

$$M_{sr} = 10 + 17 \times \left(1 - \frac{1}{AF-1.5}\right) \tag{1-45}$$

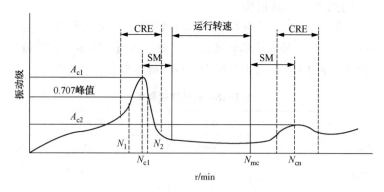

图 1-30　转子响应图谱

图中　N_{c1}——转子一阶临界转速,r/min;

　　　N_1——0.707 倍振幅峰值时对应的初始(较低的)转速;

　　　N_2——0.707 倍振幅峰值时对应的最终(较高的)转速;

　　　AF——放大系数,$AF = N_{c1}/(N_2 - N_1)$;

　　　M_{sr}——隔离裕度;

　　　A_{c1}——一阶临界转速下的振幅。

(六) 性能试验

压缩机应以合同转子按 ASME PTC 10 做性能试验。在正常转速下,应记录至少五个点的试验数据,包括喘振和过载。

对于变速机器,在正常运行点(或按规定的其他点)上的压头和流量应该无负偏差,在该点上的实测功率应不超过预期轴功率的 104%。

对于恒速压缩机，在正常流量点（或按规定的其他点）的实测能量头应在正常能量头的 100%～105%。在正常流量下的实测功率不应超过预期轴功率的 107%。

七、国内离心式压缩机产品

国内离心压缩机大都由沈阳透平机械股份有限公司（简称沈鼓）供货，其型号举例，2BCL408/A，各字段代表的含义为：

第一段，为一位数字 2，2 代表两段压缩，单段压缩则省略；

第二段，为一位字母 B，B 代表垂直剖分机壳，M 代表水平剖分结构；

第三段，为二位字母 CL，CL 代表无叶扩压器离心机；

第四段，为两位数字 40，40 代表叶轮直径，cm；

第五段，为一位数字 8，8 代表叶轮级数；

第六段，为一位字母 A，A 代表操作压力位于 10～20MPa（表），B 代表操作压力位于 20～35MPa（表），低于 10MPa 则省略。

随着石化行业的快速发展，离心压缩机的制造业取得了快速的进步。沈鼓已经生产了 1100mm 叶轮直径的垂直剖分压缩机 BCL 系列（如大连福佳对二甲苯装置的重整循环氢压缩机），1500mm 叶轮直径的水平剖分压缩机 MCL 系列（如镇海 1000kt/a 乙烯装置的丙烯压缩机），并实现了多缸串联的运行。

八、轴流压缩机

轴流压缩机与离心压缩机相同，都是动力式压缩机，均属于叶轮机械，其原理同样遵循欧拉方程，这里不做详细介绍。在炼油厂只应用于催化裂化装置的主风机，一般为 13～16 级。与离心压缩机相比，轴流压缩机有如下特点：

（1）适用于更大的流量，适宜流量大于 1500m^3/min 的场合；

（2）只能应用于低压缩比场合；

（3）具有很高的效率，单机效率可达 86%~92%；

（4）轴流压缩机的变工况性能较差，一般采取静叶调节装置来适应变工况。

国内只有陕鼓动力股份公司能够生产轴流压缩机，在炼油厂应用最大的机型为 AV100，入口气量约 8000m³/min。

第三节　螺杆压缩机

螺杆压缩机也属容积式压缩机，和往复式压缩机相比，其结构简单，维护容易，排气时无气流脉动现象。通常，炼油厂使用螺杆压缩机对燃料气增压、回收尾气、冷冻压缩（制冷剂为：氨、丙烷或丁烷）以及用于对腐蚀性和污染性工艺气体的压缩等。

根据 API619 的定义，工业应用的螺杆压缩机分为干式螺杆压缩机（Dry Screw Compressor）和湿式螺杆压缩机（Flooded Screw Compressor）。两者之间的区别在于：

（1）干式螺杆压缩机：阴阳转子之间的动力传递由同步齿轮完成，且阴阳转子的间隙之间没有液体密封，转子齿面没有接触；

（2）湿式螺杆压缩机：没有设置同步齿轮，阴阳转子之间的动力传递由齿面啮合完成，因此阴阳转子之间必须喷入具有润滑性的液体，同时起润滑、密封、冷却和降噪的作用。

国内普遍应用的工艺螺杆压缩机是干式和湿式相结合的结构形式，即：采用干式结构，即设置同步齿轮来传递功率和扭矩，阴阳转子之间不接触。同时转子之间喷入少量的液体，不过液体只起密封、冷却和降噪的作用，不起传递动力和润滑作用。

一、螺杆压缩机的基本原理

我们通常所说的螺杆压缩机是指双螺杆压缩机，如图 1-31 所示，在压缩机气缸内平行布置着一对相互啮合的螺旋转子，节圆外具有凸齿的叫阳转子，节圆外具有凹齿的叫阴转子。一般阳转子为主动转子，阴转子为从动转子。

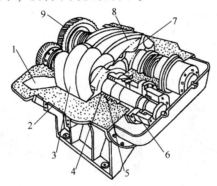

图 1-31 螺杆压缩机结构示意图
1—吸气孔口；2—气缸；3—阳转子；4—轴封；5—挡油环；
6—轴承；7—排气孔口；8—阴转子；9—同步齿轮

螺杆压缩机的工作循环可以分为吸气、压缩、排气等三个过程。下面以一对啮合齿分析其过程[7]。

（一）吸气过程

如图 1-32(a)示出了吸气过程即将开始时的转子位置，这一对齿前端(由箭头指向的齿)的型线完全啮合，且即将与吸气孔口相通。如图 1-32(b)所示，随着转子的运动，由于齿的一端逐渐脱离啮合而形成齿间容积，这个容积的扩大，在其内部形成一定的低压区，而齿间容积又与吸气孔口连通，因此吸气腔内气体便在入口压力的推动下流入，在随后的转子旋转过程中，阳转子不断从阴转子的齿槽中脱离出来，直至与吸气腔脱离，如图 1-32(c)所示的吸气结束点。理想过程的结束点是齿间容积在与吸气腔断开的同时达到最大。

(a) 吸气过程即将开始　　　(b) 吸气过程中　　　(c) 吸气过程结束

图 1-32　螺杆压缩机的吸气过程示意图

（二）压缩过程

如图 1-33 所示，图中的转子端面为排气端面。吸气过程结束后，转子的旋转使得齿间容积不断减小，导致压力不断升高。压缩过程一直持续到与排气孔口连通之前。

(a) 压缩过程即将开始　　　(b) 压缩过程中　　　(c) 压缩过程结束

图 1-33　螺杆压缩机的压缩过程示意图

（三）排气过程

齿间容积与排气孔口连通之后，即开始排气，随着齿间容积的不断缩小，具有排气压力的气体通过排气孔口被排出，这个过程一直持续到齿末端的型线完全啮合。理想的排气结束点是与排气孔口脱离的同时封闭容积变为零，如图 1-34 所示。

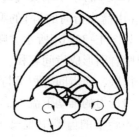

(a) 排气过程中　　　　　(b) 排气过程结束

图 1-34　螺杆压缩机的排气过程示意图

从上述原理可以看出，螺杆式压缩机是一种容积式气体压缩机械，气体的压缩是依靠容积的变化来实现的，而容积的变化又是借助压缩机的一对转子在机壳内做回转运动来达到的，因此，螺杆压缩机同时兼有容积式压缩机和离心式压缩机两者的特点。

（1）运动部件少，没有往复压缩机的气阀、填料、活塞环和支撑环等易损件。因此，运转可靠，连续运行周期长。螺杆压缩机可以不设置备机。

（2）不存在往复惯性力，允许压缩机在高速下运转，因此同等输气量下，比往复压缩机结构更加紧凑，机身尺寸相对较小。另外还可以适应于无基础运转，更加适合于移动式压缩机组。

（3）螺杆压缩机中的气流近似于连续流动，气流脉动较弱。

（4）喷油螺杆压缩机允许有更高的单级压缩比，单级压缩比可以达到 10 以上，而且能保持很高的容积系数。

（5）可以允许多相混输。因为螺杆转子之间存留有间隙，能耐液体冲击，可输送含液气体、含粉尘气体、易聚合气体。螺杆压缩机广泛应用于火炬气压缩机、尾气回收压缩机等恶劣工况，近年来陆续在原油蒸馏装置中得到应用。

（6）螺杆压缩机可以在较宽的工况范围工作，仍能保持较高的效率，没有离心式压缩机在小流量时的喘振现象。

（7）螺杆压缩机内部存在很多间隙，以及转子刚度方面的限制，故不能应用于高压场合，也不能用于微型气量的场合。国内生产的螺杆压缩机，其排气压力一般不超过 2.5MPa，国外产品的最高压力不超过 5.0MPa，远远低于往复压缩机和离心机的应用范围。

（8）螺杆压缩机的齿面必须由专门的刀具加工，因此螺杆压缩机的产品系列较少。国内生产的工艺螺杆压缩机的系列产品见表 1-19。

表 1-19 螺杆压缩机在 3000r/min 转速下的名义排气量

m^3/min

转子直径/mm ＼ 长径比	1.05	1.1	1.32	1.35	1.5	1.65
163.2		5	6			7.5
204		10	12			15
255		20	24			30
321		40				60
408		83		102	114	125
510		170			231	255
630	300	315			430	480
810				900		1100

注：1. 国内习惯于以阳转子直径来表征螺杆压缩机的大小。

2. 例如：阳转子直径为 408mm 的压缩机运行在 3000r/min 转速时，若长径比为 1.65，则压缩机的名义气量为 $125m^3/min$（指压缩机入口状态下）；若长径比为 1.1，则压缩机的名义气量为 $80m^3/min$。

3. 如果压缩机运行在 1500r/min，名义气量则为表中数值的一半。

4. "—"表示没有这个规格的压缩机。

为了满足不同的工业应用，制造商一般是选择一台气量接近的螺杆转子，然后配置齿轮箱，靠调整转速来适应各种不同的气量需求，气量对转速（50%～100%额定转速之内）按线性关系考虑。另外，通过优化机组内部间隙可也以适当提高气量。机型确定之后需要适当调整排气孔口的位置来调整内压缩比，以达到最佳的效率。

（9）由于螺杆压缩机齿间容积周期性地与吸排气腔连通，吸排气封闭容积的存在以及同步齿轮的设置等，导致螺杆压缩机噪声较大。

二、热力学分析

（一）理想过程

理想的热力学过程是在吸气容积与吸气孔口连通开始吸气，

达到最大后结束吸气过程，齿间容积封闭后逐步变小，与排气孔口连通时达到排气压力，随着齿间容积的进一步减少，所有气体全部排出，如图 1-35 所示。

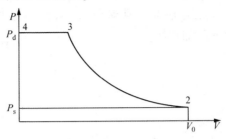

图 1-35　理想的压缩过程

（二）内外压力比不同的过程

压缩机的齿间容积与排气孔口连通之前，齿间压力称为内压缩终了压力 P_i，它与吸气压力之比为内压比 ε_i。排气腔内气体压力称为背压或外压力，它与吸气压力之比为外压比。由于工艺操作和气体组分的变化，不可避免的存在内外压比不同的情况。螺杆压缩机的吸排气孔口的位置决定了内压比的大小。

如果内压比小于外压比（也叫压缩不足），则在齿间容积与排气孔口连通的瞬间，排气腔的气体就会倒流入齿间容积，使其压力迅速提升至排气压力 P_d，然后再随着齿间容积的气体排出压缩机，如图 1-36(a) 所示。如果内压比大于外压比（也叫过压缩），则在齿间容积与排气孔口连通的瞬间，被压缩气体就会迅速流入排气腔，齿间容积骤降至排气压力 P_d，然后再随着齿间容积的气体排出压缩机，如图 1-36(b) 所示。如果被压缩的气体是理想气体，并且假定压缩过程是绝热过程，压缩终了的内压缩比为：

$$\varepsilon_i = P_i/P_s = (V_s/V_i)^k \qquad (1-46)$$

式中　V_s——吸气终了的气缸容积；

　　　V_i——压缩终了的气缸容积。

可见，内压比不仅取决于内容积比，也决定于气体的性质，气体组分变化时，等熵指数 k 随之变化，内压比也会发生相应的变化。每一台压缩机都有一个固定的内容积比，实际操作中不可避免的存在内外压比不同的情况。内外压比不同时总是伴随着附加功耗的产生，如图 1-36 中阴影所示。压缩不足的附加功耗低于过压缩产生的附加功耗。

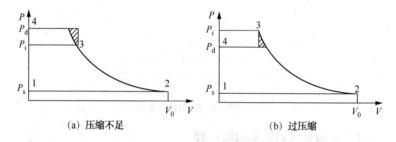

(a) 压缩不足   (b) 过压缩

图 1-36 内外压比不同时的压缩过程

（三）吸气提前或延迟结束

当吸气过程在齿间容积达到最大之前结束时，齿间容积中的气体将会在吸气结束后膨胀，达到最大容积后再从较低的压力开始压缩过程。

当吸气过程在齿间容积达到最大之后结束时，齿间容积中的气体将会在吸气结束后重新回流至吸气腔，然后在与吸气孔口脱离之后开始压缩过程。如图 1-37 所示。

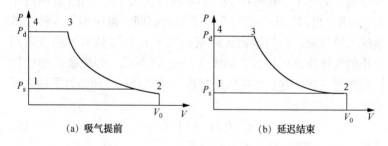

(a) 吸气提前   (b) 延迟结束

图 1-37 吸气提前或延迟的压缩过程

（四）具有贯穿容积的压缩过程

齿间容积所能达到的最小容积为贯穿容积，贯穿容积相当于往复压缩机的余隙容积。如果贯穿容积不为零，则在排气过程结束后气体不能全部排出。在与吸气腔连通时，残余的高压气体膨胀后才能吸入新鲜气体，如图1-38所示。

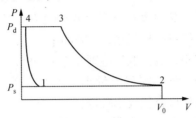

图1-38　具有贯穿容积的压缩过程

（五）具有封闭吸气容积和封闭排气容积的过程

当齿间容积达到最小之后，如果不能立即开始吸气过程，就会产生吸气封闭容积。因此有可能在吸气过程的初期，齿间气体压力会低于吸气腔压力，在齿间容积与吸气孔口连通的瞬间，齿间气体突然升高至吸气压力，然后再开始吸气过程。

当齿间容积达到最小值之前，排气过程已经结束，就会产生排气封闭容积，该容积内的气体被继续压缩到远远高于内压缩终了压力，之后随着与吸气孔口的连通，再进行膨胀过程，这既影响压缩机的吸气量，同时又增加了附加功耗，如图1-39所示。

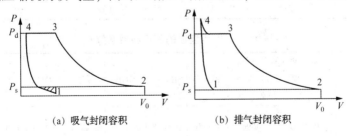

（a）吸气封闭容积　　　　　　（b）排气封闭容积

图1-39　具有封闭容积的压缩过程

三、螺杆压缩机的热力计算

（一）螺杆压缩机的排气量

螺杆压缩机的排气量取决于机器内部结构参数，可以由式（1-47）计算。

$$Q_v = \eta_v C_\varphi \cdot C_n \cdot n \cdot \lambda \cdot D_1^3 \qquad (1-47)$$

式中　Q_v——压缩机的排气量，m^3/min；

η_v——容积系数，取值范围 0.75~0.95。一般来讲，运行转速低，容积流量小，压力比高，不喷液的螺杆压缩机容积效率较低；

C_φ——扭角系数，由表 1-20 选取；

C_n——面积利用系数，由表 1-21 选取；

λ——转子长径比；

D_1——阳转子节圆直径，m。

表 1-20　常见型线的扭角系数

转子型线	扭角系数 C_φ					
阳转子扭转角/(°)	双边对称圆弧型线	单边不对称摆线-销齿圆弧型线	SRM-A	GHH	SRM-D	日立型线
240	1.0	0.9989	0.9992	1.0	0.995	1.0
270	0.996	0.9905	0.9907	0.9976	0.9916	0.9987
300	0.9769	0.971	0.9711	0.9841	0.9726	0.987

表 1-21　常用型线的面积利用系数 C_n

转子型线	双边对称圆弧型线	单边不对称摆线-销齿圆弧型线	Atlas-X	SRM-A	GHH	复盛	SRM-D	日立型线
面积利用系数	0.4889	0.4696	0.4856	0.5009	0.4495	0.4474	0.4979	0.4013

注：国内工艺螺杆压缩机普遍采用的 SRM-A 型单边不对称型线，其阳转子扭转角为 300°。

（二）压缩机的轴功率

螺杆压缩机的绝热功率（$W_{ad(i)}$）计算与往复式压缩机相同，由式（1-48）表示，实际轴功率（N）计算见式（1-49）。

$$W_{ad(i)} = P_1 V_1 \frac{k_T}{k_T - 1} \left[\left(\frac{P_2}{P_1} \right)^{\frac{k_T - 1}{k_T}} - 1 \right] \frac{z_1 + z_2}{2z_1} \qquad (1-48)$$

$$\text{实际轴功率 } N = \frac{\sum W_{ad(i)}}{\eta_{ad} \cdot \eta_g} \qquad (1-49)$$

绝热效率 η_{ad} 反映了压缩机能量利用的完善程度，其具体数值根据机型和工况的不同有明显的差别。低压比、大、中容积流量时，$\eta_{ad} = 0.75 \sim 0.85$，高压比、小容积流量时，$\eta_{ad} = 0.65 \sim 0.75$。如果压缩机设有变速箱，还应考虑齿轮箱的传动损失，$\eta_g = 0.95 \sim 0.98$。

（三）螺杆压缩机的排气温度

干式螺杆压缩机的排气温度的计算与往复压缩机类似，主要取决于输送介质的物性和操作压力。干式螺杆压缩机的间隙相对较大，为了追求较高的容积效率，干式螺杆压缩机的旋转速度都非常高，气体流经气缸的时间非常短，因此气体被冷却的时间很短。所以，干式螺杆压缩机冷却的主要目的是为了保持压缩机的几何尺寸和间隙不变，而不是为了冷却气体。当排气温度很高时，不仅需要气缸设夹套冷却，而且要在转子芯部设置冷却方式，一般是采用润滑油从转子中心流过。

湿式螺杆压缩机的排气温度与干式压缩机有着较大的不同，不仅取决于介质物性、运行压比，也取决于所喷入的液体量。由于机组转速较高，在实际的压缩过程中，喷入的液体与介质之间的热交换很不充分，往往在压缩过程结束时，气体温度会大大高于液体的温度，然后在排气过程中以及在排气腔的充分混合，才能最终实现热平衡。对于喷油螺杆压缩机，额定的排气极限温度一般按100℃设计，正常操作时的排气温度一般低于85℃。

（四）喷液量的计算

在给定排气温度后，所需的喷油量可以根据热平衡来计算，由能量守恒得出压缩机的热平衡式为：
$$N = M_g \cdot C_{pg} \cdot (T_d - T_{sg}) + M_l C_{pl} \cdot (T_d - T_{sl}) \quad (1-50)$$
式中　　N——压缩机轴功率，kW；

　　　　M_g——气体质量流量，kg/s；

　　　　M_l——喷液质量流量，kg/s；

　　　　C_{pg}——气体等压比热，kJ/kg·℃；

　　　　C_{pl}——液体等压比热，kJ/kg·℃；

　　　　T_d——排气温度，℃；

　　　　T_{sg}——气体的进气温度，℃；

　　　　T_{sl}——喷液温度，℃。

根据上式，如果已知喷液量，可以求出排气温度。值得注意的是，上述确定喷液量的方法仅仅考虑了液体对气体的冷却作用，在实际设计中，还需要考虑一些其他因素，如果壳体的散热条件较差，液体喷入量就需要适当提高。容积效率较小的机器，内部损失相对较高，也要适当提高液体喷入量。另外，转速较高时，相对泄漏小，但液体在气缸内的扰动耗功大，需要适当降低液体的喷入量。

四、螺杆压缩机的结构

（一）材料选择

国内工艺螺杆压缩机制造商的材料系列较少，见表1-22。

表1-22　螺杆压缩机主要部件的材料

部　件	材　料
壳体	HT300[1]，12Cr13
转子	38CrMoAl，20Cr13
同步齿轮	42CrMo

①壳体内壁可施以镀镍磷来提高抗腐蚀能力。

另外，小直径壳体采用轴向剖分结构，大直径壳体采用水平剖分形式。

(二) 轴承选择

根据 API619，螺杆压缩机的轴承按表 1-23 选取。

表 1-23　轴承的选取原则

条　件	轴承形式及组合
径向轴承和推力轴承的转速和寿命在滚动轴承的极限值[①②]之内，同时压缩机的能量强度低于极限值[③]	滚动径向和推力轴承
径向轴承转速和寿命超出滚动轴承的极限值，推力轴承转速和寿命在滚动轴承的极限值之内，同时压缩机的能量强度低于极限值	流体动压径向轴承和滚动推力轴承或流体动压径向轴承和推力轴承
径向轴承和推力轴承的转速和寿命超出滚动轴承的极限值，或压缩机的能量强度高于极限值	流体动压径向轴承和推力轴承

① 轴承速度极限值见表 1-24。

② 滚动轴承寿命极限值，根据 ISO281（ANSI/ABMA 标准 9）规定，其基本额定寿命 L_{10} 是指在额定工况下至少连续运行 50000h，在最大径向和轴向负荷下以额定转速至少运行 32000h。

③ 压缩机能量强度，即压缩机功率（kW）与转速（r/min）的乘积，如果该值超过 4000000，则必须使用流体动压径向轴承和推力轴承。

表 1-24　轴承速度极限值

轴承形式		$n \cdot D_m$
径向轴承	单列球轴承	500000
	圆柱滚动轴承	
	圆锥滚动轴承	350000
	球面滚柱轴承	
推力轴承	单列球轴承	350000
	双列角接球轴承	300000
	锥形滚柱轴承	250000

式中　D_m——平均轴承直径 $(d+D)/2$，mm；

　　　n——转速，r/min。

（三）轴封的选择

干式运行的螺杆压缩机一般选择碳环密封，碳环设置充抽气口。喷液运行的螺杆压缩机一般选择双端面机械密封与迷宫密封相组合的结构形式，结构如图1-40所示。密封油的压力高于介质的操作压力，密封油起着润滑密封端面、带走热量的作用，氮气将密封油与工艺介质隔离。如果工艺介质对氮气含量不做特殊要求，可以省略氮气出口，注入的少量氮气将与压缩介质混合后一同排至压缩机下游。

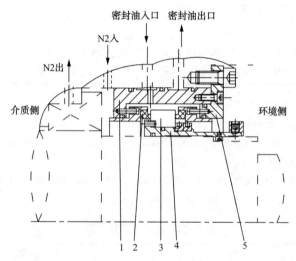

图1-40　双端面机械密封剖面图

1—密封腔体；2—静环；3—动环；4—轴套；5—密封压盖

螺杆压缩机的密封腔受限于阴阳转子间距，径向空间比较紧张，常常采取与离心压缩机相同的双端面干气密封。

五、喷液流程

由于水的比热容较大，而且对介质基本没有污染，因此对于没有腐蚀性的介质，最好采用水作为喷入液体。常减压装置的副产常顶气和减顶气往往含有大量H_2S，因此不宜采用水作为喷入

64

液体，可以采用装置自产的石脑油作为喷淋液体，注入压缩机壳体，如图 1-41 流程。

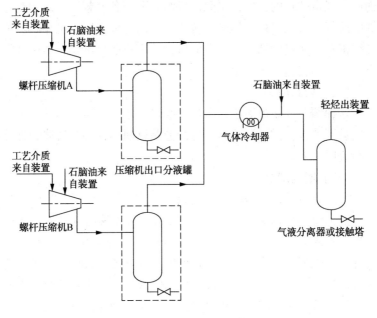

图 1-41　喷液流程示意图

为保证冷却后的介质自流，需将气体冷却器布置在气液分离器之上。如果输送介质不能将压缩机排出的气液两相混合物完全带入气体冷却器，可以在压缩机出口设置一台分液罐，如图 1-41中虚线框所示，罐顶的气相介质再进入气体冷却器。如果气体具有足够的带液能力，可以考虑省略这台设备，压缩机出口直接进入高位布置的冷却器，这种情况下排气总管的设计应避免液相介质积聚在备用机组的出口管道。

六、螺杆压缩机的气量调节

压缩机一般是根据装置的最大产气量来选择，在实际的生产运行过程中需要降低压缩机的排气量，以适应工艺操作的变化。

（一）变转速调节

螺杆压缩机的气量与转速成正比，改变压缩机转速就可以达到调节气量的目的，电动机驱动机组需要配备变频器，通过改变供电的频率来改变机组的操作转速。但由于螺杆压缩机靠间隙来进行密封，若速度低于一定数值后，效率将明显下降，调速范围应位于额定转速的 50%~100%。

（二）旁路调节

这种调节方法最简单，压缩机运行最稳定。压缩机一直在最大气量下操作，需要调节时，打开旁路返回阀，多余气体经过返回阀流回吸入口。

（三）滑阀调节

滑阀调节是在压缩机壳体的排气侧安装一台滑阀调节装置，沿气缸轴线平行移动，如图 1-42 所示。滑阀移出气缸外，形成与吸气腔的旁通孔，齿间气体可以通过这个旁通孔返回到入口，只有在滑阀下游形成的封闭容积中的气体才能被排出压缩机，这样通过控制滑阀在气缸中的位置可以实现气量的连续调节。为避免热量和液体在气缸中的积聚，滑阀调节必须保证有一定的排气容积。在完全空载的情况下，喷入的液体和循环热量将导致机组无法运行。滑阀调节的范围一般为 10%~100%。

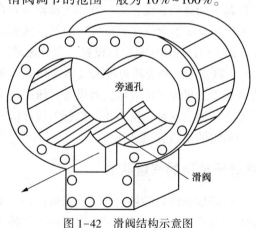

图 1-42　滑阀结构示意图

由于滑阀的移动需要润滑，因此滑阀调节只能用于湿式结构螺杆压缩机，例如制冷压缩机，工艺气压缩机则较少采用。在制冷机组中，当滑阀开度大于15%，若控制系统检测到冷冻水出水温度与设定值之差大于+2℃，控制系统每3s施加1s的加载信号。反之，如果控制系统检测到冷冻水出水温度与设定值之差大于-2℃，则控制系统每3s施加1s的减载信号。冷冻机组的温度响应较慢，应间断加载或减载，才能达到稳定的的运行状态。

（四）入口节流调节

利用安装在压缩机入口管道上的蝶阀进行调节，通过调整进气压力来达到连续调节气量的目的。由于进气压力的降低会增加转子的受力，并导致排气温度上升，因此入口节流调节只限于在小型压缩机中使用。

（五）停转调节

通过配置多台压缩机，根据实际气量来确定投运的压缩机数量。大功率螺杆压缩机的频繁启停不仅对电网造成剧烈波动，也会增加压缩机的操作风险，炼油装置中可以采取返回线调节和停转调节相结合的方式。

七、选型示例

这里仍然以第一节中往复压缩机的数据为例。某厂常顶气压缩机的气量为 $Q = 1200 \text{Nm}^3/\text{h}$，进气压力（表）$P_1 = 0.02 \text{MPa}$，进气温度 $T_1 = 40℃$，排气压力（表）$P_2 = 0.6 \text{MPa}$，介质相对分子质量 $M_w = 35$，等熵指数 $k = 1.19$。

（一）计算入口气量

假定气体为理想气体，根据状态方程，可以求出入口状态下的流量为：

$$V_1 = \frac{Q}{60} \times \frac{1}{1.2} \times \frac{273.15 + 40}{273.15} = 19.11 \quad \text{m}^3/\text{min} \quad （1-51）$$

（二）确定压缩机机型

根据表1-19，宜选择阳转子直径为255mm的螺杆压缩机，运行转速为 1500r/min。其名义排气量 V_1' 为 20m³/min，反算到标准状态下的气量为：

$$Q' = 60 \times 1.2 \times V_1' \times \frac{273.15}{273.15 + 40} = 1256 \quad \text{Nm}^3/\text{h}$$

$$(1-52)$$

(三) 计算功率消耗

根据式(1-48)计算绝热功耗 W_{ad}：

$$W_{ad} = Q' \times \frac{1}{36} \times \frac{273 + T_s}{273} \times \frac{n}{n-1} \left\{ \left[\frac{P_2}{P_1} \times \left(\frac{1 + \delta_d}{1 - \delta_s} \right) \right]^{\frac{n-1}{n}} - 1 \right\}$$

$$(1-53)$$

螺杆压缩机不用考虑气阀损失，$\delta_d = \delta_s = 0$，取 $n = k = 1.19$，得出 $W_{ad} = 77$kW。

选择压缩机的绝热效率 η 为 75%，由式(1-49)，可以得出压缩机的轴功率：

$$N = W_{ad}/0.75 = 104\text{kW} \qquad (1-54)$$

考虑到驱动机额定功率的安全系数，电机功率选择为 132kW。

(四) 喷液量计算 M_1

压缩机的喷液采用装置自产的石脑油。其比热容 $C_{pl} = 1.8$kJ/(kg·K)，进油温度为 40℃，介质的比热容 $C_{pg} = 1.68$kJ/(kg·K)，介质流量 $M_g = 0.521$kg/s。这里先假定排气温度为 85℃，由式(1-50)，可以得出：

$$0.521 \times 1.68 \times (85-40) + M_1 \times 1.8 \times (85-40) = 104 \quad (1-55)$$

$$M_1 = 0.8\text{kg/s} = 2.88\text{t/h} \qquad (1-56)$$

石脑油的密度约700kg/m³，则石脑油的容积流量约4.11m³/h。从而得出石脑油与介质的容积流量之比为 0.36%，可见喷入的液体基本不占输送介质的容积。

需要注意的是，由于螺杆压缩机的阴阳转子互相啮合，间隙很小。因此在装置开工期间必须对关联管道进行彻底的清洗和吹扫，防止固体颗粒等杂物进入气缸引起转子的咬合。

八、国内螺杆压缩机产品

螺杆压缩机在炼油装置中的应用主要有两类：

（1）干式螺杆压缩机结构，喷油冷却。如轻烃回收装置的塔顶气压缩机以及火炬回收压缩机。此类压缩机的制造商有上海电气集团大隆机器厂有限公司，其生产的最大螺杆压缩机为810mm转子，以及中船重工七一一所。

（2）湿式螺杆压缩机结构，喷润滑油冷却，如制冷压缩机组。此类压缩机一般按冷冻包供货，国内制造商有大连冷冻集团和武汉新世界制冷工业公司。

第四节　工业汽轮机

汽轮机是利用蒸汽的热能来做功的旋转机械。在炼油厂通常用来驱动离心压缩机、泵、风机和自备电站的发电机，这些汽轮机简称工业汽轮机。它有着不同于电机驱动的优点，例如单机功率大、转速可调、结构紧凑、易于防爆等。驱动压缩机等关键设备的汽轮机一般按特殊用途汽轮机的技术要求（API612）来考核，驱动其他设备可以按一般用途汽轮机（API611）来要求。

一、基本结构

凝汽式汽轮机的本体结构如图1-43所示，汽轮机机身主要由汽缸、蒸汽室、汽阀、转子、排汽缸、轴承座等组成。转子有套装式和整锻式之分，特殊用途汽轮机应采用整锻转子。

二、汽轮机的工作原理

小功率汽轮机一般为单级，驱动压缩机或者大功率的汽轮机一般为多级。级是汽轮机的基本工作单元，大多数汽轮机均采用轴流式叶轮。如图1-44所示，从静叶（0-0界面）开始，蒸汽产生膨胀、压力降低、流速提高。高速蒸汽达到动叶（1-1界面）

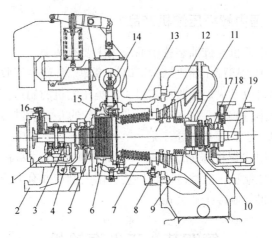

图 1-43 汽轮机剖面图

1—推力轴承；2—前轴承架；3—径向轴承；4—前轴承箱；5—前汽封；
6—平衡汽封；7—高压缸导叶持环；8—偏心销；9—低压缸导叶持环；
10—后轴承箱；11—排汽缸；12—转子组件；13—外缸；14—调节汽阀；
15—蒸汽室；16—危机保安器；17—径向轴承；18—盘车器；19—转子

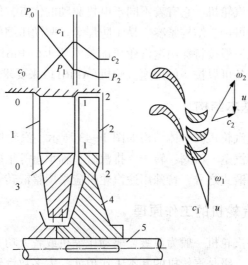

图 1-44 汽轮机的轴流级简图

1—静叶；2—动叶；3—隔板；4—轮盘；5—轴

时，蒸汽的压力和流速下降，推动动叶旋转，蒸汽的热能和动能转化为动叶的动能。图中的 c、P 均指示当前蒸汽的流速和压力。u、ω 是指当前蒸汽沿周向、切向的速度分量。蒸汽在叶轮中发生了两次能量转换，蒸汽的热能在静叶中转变为速度能，在动叶中将蒸汽的动能转化为输出的机械功[4,8]。

蒸汽在汽轮机内进行的能量转换是通过冲动原理和反动原理来实现的。在冲动式汽轮机中，蒸汽在静叶中膨胀，压力降低，速度增加，热能转变为动能。蒸汽流经动叶时，压力不变，流速不变，仅流动方向发生转变，如图 1-45 所示。静叶出口界面的压力 P_1 与动叶出口界面的压力 P_2 相等。

图 1-44，是反动式汽轮机一个级的断面图，蒸汽在静叶中膨胀升速，进入动叶后，

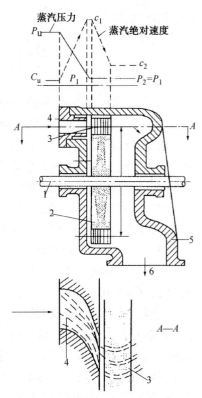

图 1-45 单级冲动式
汽轮机工作原理
1—转子；2—轮盘；3—动叶；
4—静叶（喷嘴）；5—汽缸；
6—排汽管

速度降低推动叶轮旋转。同时蒸汽的压力在动叶中进一步降低，蒸汽相对于动叶继续膨胀，汽流在离开动叶时，施加给动叶一个与汽流速度相反的作用力。可见，反动式汽轮机相比冲动式汽轮机，多出了蒸汽在动叶中降压膨胀做功的环节，从这一点看，反动式汽轮机有着相对高的效率。由于动叶前后存在压差，因此在转子上会有很大的轴向力。反作用度是用来衡量蒸汽在叶轮中的

膨胀程度的指标。

$$\Omega = \frac{h_{2s}}{h_{1s} + h_{2s}} \tag{1-57}$$

式中 Ω——反作用度;

h_{1s}——蒸汽在静叶中的等熵焓降,kJ/kg;

h_{2s}——蒸汽在动叶中的等熵焓降,kJ/kg。

根据反作用度的不同,轴流叶轮分为三种:

(1)冲动级,蒸汽仅在静叶中膨胀,$\Omega=0$;动叶和静叶的叶型不同,动叶的叶型呈对称状。

(2)反动级,蒸汽在静叶和动叶中的焓降大致相等,$\Omega \approx 0.5$;动叶和静叶的叶型基本相同,动叶本身不是对称的。

(3)带反作用度的冲动级,由于静叶布置在两组动叶之间,因此实际的冲动级一般不是纯冲动级,而是带有少量反作用度的冲动级,$\Omega=0.02\sim0.15$。

美国、日本等汽轮机制造商一般生产冲动式汽轮机。欧洲和中国制造商大都生产反动式汽轮机驱动压缩机,泵、风机等小型设备的汽轮机仍然采用冲动式汽轮机驱动。同等蒸汽参数下,冲动式汽轮机可以有较少的级数。反动式汽轮机都是制成多级的,其第一级往往是采用带反作用度的冲动级作为调节级,以减少级数并提高效率。

三、汽轮机的效率

蒸汽从汽轮机进口到出口,理想上应该是等熵过程 0 点至 1′点,如图 1-46 蒸汽的 h-s,实际上由于熵增的过程,出口由 1′点转移到了 1 点,汽轮机入口为 0 点。P_0、t_0、h_0 分别表示蒸汽进口(0 点)的压力、温度和焓值,P'_1、t'_1、h'_1 分别表

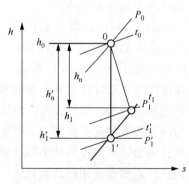

图 1-46 蒸汽的焓熵图

示蒸汽出口的理论压力、温度和焓值（$1'$点），P_1、t_1、h_1分别表示蒸汽出口的实际压力、温度和焓值（1点）。

汽轮机的内效率 η_i 表示为：

$$\eta_i = \frac{h_n}{h'_n} = \frac{h_0 - h_1}{h_0 - h'_1} \qquad (1-58)$$

式中　h_n——蒸汽的实际焓降。即蒸汽从入口状态降压到排汽压力发出的实际能量；

　　　h'_n——蒸汽的理论焓降。即蒸汽从入口状态等熵降压到排汽压力发出的能量；

　　　h'_1——蒸汽从入口状态等熵降压到排汽压力时该点的焓值。

对于大型多级汽轮机，内效率较高，为 0.65~0.8。对于单级冲动式汽轮机，内效率较低，为 0.25~0.5。大功率高转速取大值，小功率低转速取小值。

对应于炼厂常用的蒸汽管网，单位功率下的汽耗见表 1-25。

表 1-25　汽轮机单位功率下的汽耗

蒸汽管网（表）/MPa	背压管网（表）/MPa	每1000kW的汽耗/(t/h)
6.3	3.5	25~31
6.3	1.0	9.5~11.5
3.5	1.0	15~18
3.5	0.45	10.5~13
1.0	0.45	60~90[①]
6.3	0.0	3.8~4.6
3.5	0.0	4.5~5.5
1.0	0.0	6~7.5

①此类蒸汽参数的汽轮机一般用于驱动润滑油泵。

四、汽轮机的调节

驱动压缩机的特殊用途汽轮机常采用电子式调速器 Woodward505 或者集成在机组控制系统之中，使用 PLC 来实现。驱动泵类设备的一般用途汽轮机则使用机械液压式调速器，在现场手动操作。

图 1-47 是杭州汽轮机股份有限公司常用的调节系统图，下面简要介绍它的速关阀组件和开机顺序。

（1）控制油进入汽轮机后分两路，一路是通过电磁阀（2222、2223）提供压力油，另一路是通过危急保安器（2210）提供压力油。本图当前状态是危机保安器（2210）处于跳闸位置，速关油与回油导通。

（2）速关阀组件上的手动停机阀（2250）通过切断控制油的供给来切断速关油。

（3）如果系统联锁紧急停机，是通过电磁阀（2222、2223）切断高压油，速关油与回油导通，速关阀（2301）关闭。本图中的电磁阀（2222、2223）处于失电状态，汽轮机关闭。

（4）控制系统复位后，电磁阀向下动作，使得速关油的回油通道关闭，控制油进入卸荷阀（2030、2040），油压力克服弹簧力，使得卸荷阀关闭。

（5）旋转启动阀（1843），建立启动油，使得危机保安器活塞动作，手柄抬起，速关油不能通过危机保安器回油，同时启动油进入速关阀（2301）上腔（左端），排挤出活塞左端的空气及润滑油，同时活塞与弹簧座靠在一起形成整体。

（6）旋转关闭阀（1842），速关油进入速关阀活塞下腔（右端），同时将卸荷阀（2060）上腔的速关油泄压。可见，速关油是通过 1842 和 2060 两路同时提供的。

（7）关闭启动阀（1843），启动油与回油导通（如本图的状态），速关油压克服弹簧力，速关阀开启，汽轮机可以升速运行。

（8）汽轮机在运转过程中需要定期检查速关阀的运动是否灵活。开启试验阀（2309），建立试验油，将速关阀活塞推向关闭状态，此时活塞的移动有限位，因此不会完全关闭速关阀。

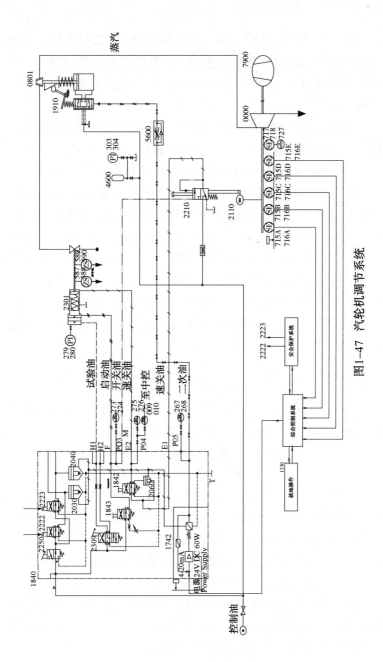

图1-47 汽轮机调节系统

综上所述，开机顺序为：电磁阀（2222、2223）复位，关闭手动停机阀（2250），送入控制油，抬起危机保安器（2210），打开启动阀（1843），操作关闭阀（1842），关闭启动阀（1843），速关阀开启。

压缩机可以采用恒速手动控制，则汽轮机的调速器是单回路控制。机组控制系统输出 4～20mA 的转速信号至电液转换器（1742），也可以通过键盘给定转速。转速传感器 SE 感知速度后传入调速器（或机组控制系统），与给定的信号进行反馈比较。如果实测值与给定值不符，调速器输出的电流信号则发生改变，电流信号经电液转换器转换成二次油压。执行结构（1910）获得二次油压信号后，通过杠杆机构操纵调节汽阀（0801），控制蒸汽量，以此达到控制机组转速的目的。

特殊用途汽轮机的调节系统应满足下面要求：

（1）在额定的蒸汽参数以及额定转速下，转速不等率不应超过 0.5%。转速不等率的定义为：

$$\frac{零功率转速-额定转速}{额定转速}\times100\%$$

（2）在额定转速、额定功率和额定蒸汽参数下，稳态的转速变动率不得超过 0.25%。转速变动率定义如下：

$$\frac{最高瞬时转速-最小瞬时转速}{2\times额定转速}\times100\%$$

（3）最大升速率不应超过最高连续转速的 7%。最大升速率是当汽轮机以最高连续转速、额定蒸汽条件和额定功率运行中突然甩去负荷并完全降到零功率时的转速瞬间升高的最大值。

工艺装置中常常将压缩机的工艺参数，如流量或入口压力等，与转速调节构成串级控制，如图 1-48 所示。如果机组入口压力高，该信号来自压缩机入口的压力检测元件，压力的控制回路输出作为调速器的输入，调速器发出指令，增加转速，以维持入口压力的稳定。如果压力降低，则反之。

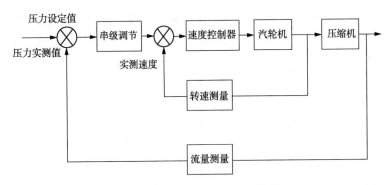

图 1-48　汽轮机的串级调速控制

五、凝汽器

常见的凝汽器有水冷式表面凝汽器、间接空冷凝汽器和直接空冷凝汽器。水冷式是采用循环水直接冷却汽轮机的出口乏汽；间接空冷凝汽器是采用中间介质来冷却蒸汽，再使用空冷器来冷却中间介质；直接空冷凝汽器是采用空气直接冷却蒸汽。近年来，炼油厂装置汽轮机大都采用直接空冷式凝汽器，以降低装置的能耗，达到节能的目的。

直接空冷凝汽器有两种形式，如图 1-49 所示。

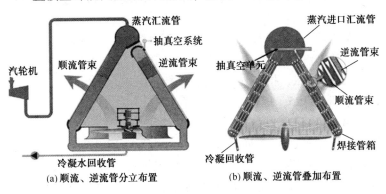

图 1-49　直接空冷凝汽器

（1）顺流、逆流分立布置，这种方式设计成熟，制造简单，应用非常广泛，较适宜于大汽量的发电机组。但在寒冷地区逆流管束必须考虑防冻措施。

（2）顺流、逆流叠加布置，这种方式设计更为先进，由于其管束的制造瓶颈，只适宜于较小汽量的汽轮机。顺流管束散发的热量可以避免逆流管束的结冰，在寒冷地区应用更有优势。

冷凝机组的蒸汽冷凝水应进行回收，其典型流程图如图1-50所示。

凝结水泵的机械密封宜采用外冲洗，阻止备泵在密封腔产生负压，避免空气从备泵的轴端漏入。如果条件允许，凝结水泵的入口管道上的切断阀门宜采用水封阀。

六、国内汽轮机产品

国内的工业汽轮机大部分都是杭州汽轮机股份有限公司（简称杭汽）提供的，是引进西门子（Siemens）三系列汽轮机的设计制造技术。其型号举例：ENK25/28。

各段字节的含义为：

第一位：E，指抽汽式。背压汽轮机或凝汽汽轮机省略第一位；

第二位：N，指常压进汽（蒸汽压力范围：0.1～8MPa）。H，是指高压进汽（蒸汽压力范围：8～14MPa）；

第三位：K，指凝汽式。G，则指背压式；

第四位：25，指轮室的内半径，cm；

第五位：28，指末级叶片根部直径，cm。

杭汽生产的三系列产品其最大规格为NK71/90。杭汽在吸收西门子技术的基础上开发了自主知识产权的NK71/3.2，其含义与西门子的定义有一点区别，第五位为排汽口的面积（m²）。

汽轮机常用的材料见表1-26。

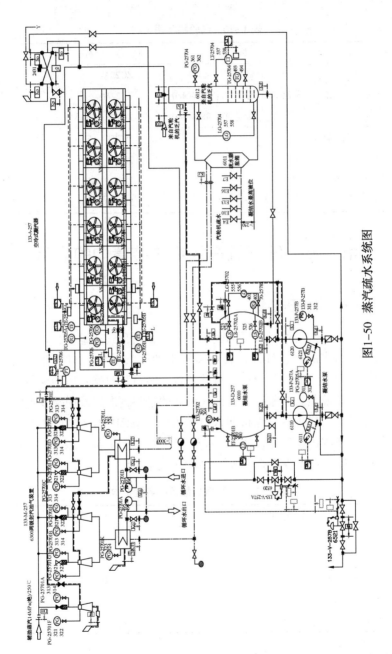

图1-50 蒸汽疏水系统图

79

表 1-26 汽轮机常用材料

部	件	材 料
汽缸(高压缸),蒸汽室	温度/℃: <427	ZG25A
	温度/℃: 427~480	ZG22Mo
	温度/℃: 480~540	ZG17Cr1Mo1V
汽缸(低压缸)		HT250
转子		28CrMoNiV
喷嘴(静叶)		21Cr12MoV
动叶		20Cr13,12Cr13(扭叶片)

第五节 压缩机在各炼油装置中的应用

一、常减压装置

常减压装置中的轻烃回收单元需设置塔顶气压缩机,将常减压装置自产的塔顶气以及其他装置来的尾气升压后与吸收剂混合,分离出石脑油组分送至重整装置,经过吸收稳定后的塔顶气再送至脱硫装置。根据轻烃回收单元的进料情况以及脱硫装置的操作压力,塔顶气压缩机的入口压力为 0.02MPaG,出口压力一般为 0.95MPaG,气量则随装置处理量的不同而异。表 1-27 是 2Mt/a 轻烃回收装置的塔顶气压缩机数据。

表 1-27 塔顶气压缩机的典型参数

设备名称	塔顶气压缩机
数量/台	3(2 操 1 备)
入口压力(表)/MPa	0.02
出口压力(表)/MPa	0.95
相对分子质量	32
气量/(Nm^3/h)	4941

根据以上数据，可以有两种选择，往复压缩机或螺杆压缩机。若选择往复压缩机，由于其压缩比大，需按两级压缩进行设计；若选择喷油螺杆压缩机，单级压缩就可以达到需要的出口压力，机型为321，长径比为1.1。轻烃回收装置的操作弹性大，波动范围常常达到60%~150%，宜选择多台压缩机，进行开停控制和返回线调节相结合的组合方式来适应气量的变化。若选用螺杆压缩机，可以将其中的1台设置变频驱动。

国外也有炼油厂将离心压缩机用于塔顶气的压缩。不过，由于塔顶气来源复杂，气体组成变化频繁且不规律，机组操作不太稳定，容易导致机组转速频繁波动。

如果常减压装置处理量小，没有设轻烃回收，而是将塔顶气直接送至催化或者焦化装置富气压缩机的入口，此时塔顶气压缩机的出口压力较低，可以选择液环压缩机，液环压缩机和液环真空泵的工作原理非常相似，将在后文进行介绍。不过液环压缩机的效率比往复压缩机和螺杆压缩机低很多。若装置的塔顶气量小，机组的功率消耗不是关键因素，选择液环压缩机也是可以接受的。

二、加氢装置

加氢装置中典型的压缩机有新氢压缩机和循环氢压缩机。新氢压缩机用于补充加氢反应中的氢气消耗，循环氢压缩机用于提供反应过程中介质循环的动力，如图1-51所示。新氢压缩机将管网氢气升压后与循环氢混合，再和液体进料混合，与反应产物换热后进入加热炉，加热至需要的反应温度后自上而下流经反应器。反应产物经空冷后在高压分离器进行油、水、气三相分离，高分顶部的气体自循环氢压缩机入口，重新升压后返回至反应系统。

（一）喷气燃料加氢

一般情况下，喷气燃料加氢装置反应压力低，管网氢气可以直接补入反应系统，装置只设循环氢压缩机。表1-28是1套500Mt/a喷气燃料加氢装置的混合氢压缩机数据。

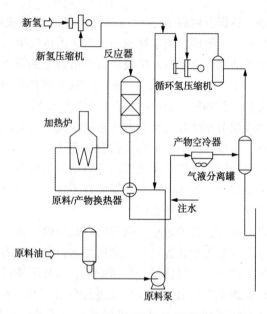

图 1-51　加氢装置反应部分的原则流程图

表 1-28　喷气燃料加氢装置压缩机的典型参数

设备名称	混合氢压缩机
数量/台	2(1 操 1 备)
入口压力(表)/MPa	1.42
出口压力(表)/MPa	2.35
相对分子质量	3.4
气量/(Nm³/h)	11000

　　根据以上数据，机组的气量小，压缩比小，宜选择单级压缩、对称平衡型往复式压缩机。可以直接在地面安装，也可以在压缩机厂房按二层布置。

　　如果喷气燃料加氢装置的反应压力高，管网氢气难以直接补入循环氢系统，则需要另外设置新氢压缩机，和下面介绍的其他加氢装置类似。

（二）柴油加氢精制

传统的滴流床加氢装置设有新氢压缩机和循环氢压缩机，表1-29是1套900kt/a柴油加氢精制装置的压缩机数据。

表1-29　柴油加氢装置压缩机的典型参数

设备名称	新氢压缩机	循环氢压缩机
入口压力(表)/MPa	2.0	7.6
出口压力(表)/MPa	9.3	9.2
相对分子质量	2.03	2.3
气量/(Nm³/h)	13500	86000

对于上述参数，可以有两种方案：

方案一：设置2台往复式新氢压缩机和1台离心式循环氢压缩机，共3台压缩机。新氢压缩机的压缩比大，气体相对分子质量小，应选择2级压缩、对称平衡型往复式机组。循环氢压缩机的压缩比小，可以选择径向剖分结构、多级离心式压缩机。离心式机组的易损件少，连续运行周期长，可以不设备机，配以汽轮机驱动，调速操作，这种方案为大多数用户所接受。

方案二：循环氢压缩机选择单级压缩的往复式机组，与新氢压缩机组合在一起，共用电机，也就是图1-13所示的组合式机组。采用1操1备的设置，共2台机组。每台机组共有4列气缸，左侧的两列气缸为新氢机的1级和2级，右侧的两列气缸均用于压缩循环氢。这种方案的好处是机组数量少，节省平面占地，效率高。但往复式机组的易损件多，故障率较高，检修或更换易损件均需要切换压缩机，可能会引起装置的波动或引发停工。对于小规模的柴油加氢(1.2Mt/a以下)或者航煤加氢装置，反应热量小，循环氢压缩机联锁停车带来反应飞温的风险较小，可以选择此类组合式机组。

柴油连续液相加氢装置的反应动力靠循环泵来完成，不设循环氢压缩机，因此装置中只有新氢压缩机。表1-30是1套2.2Mt/a柴油连续液相加氢装置的压缩机数据。

表 1-30 柴油连续液相加氢装置压缩机的典型参数

设 备 名 称	新氢压缩机
数量/台	2(1操1备)
入口压力(表)/MPa	1.85
出口压力(表)/MPa	10.8
相对分子质量	2.03
气量/(Nm³/h)	34500

根据以上参数,可以选择 4 列气缸,2 级或 3 级压缩,对称平衡型往复压缩机。由于装置没有设置循环氢压缩机,因此新氢压缩机在开工阶段氮气循环时需要 2 台压缩机并联运行。

(三) 中压加氢裂化

中压加氢裂化装置的原料是常减压装置来的轻质减压蜡油、中质减压蜡油以及焦化重蜡油等,产品有干气、石脑油、煤油、柴油、未转化油等,其反应压力较高。表 1-31 是 1 套 3Mt/a 中压加氢裂化装置的压缩机数据。

表 1-31 中压加氢裂化装置压缩机的典型参数

设备名称	新氢压缩机	循环氢压缩机
数量/台	3(2操1备)	1
入口压力(表)/MPa	2.0	10.5
出口压力(表)/MPa	13.2	13.1
相对分子质量	2.03	4
气量/(Nm³/h)	40000	485000

根据以上数据,新氢压缩机的压缩比大,适宜选择 4 列气缸、3 级压缩、对称平衡型往复压缩机,其中第 1 级为 2 只气缸。循环氢压缩机气量大,压缩比小,相对分子质量小,适宜选择径向剖分、多级双壳体离心压缩机,共 7 级叶轮,每级叶轮直径约 400mm。

(四) 高压加氢裂化

高压加氢裂化装置的原料是常减压装置来的中质减压蜡油、

重质减压蜡油以及催化裂化重柴油等，产品有干气、石脑油、煤油、柴油、尾油等，其反应压力非常高。表1-32是1套4Mt/a高压加氢裂化装置的压缩机数据。

表1-32　高压加氢裂化装置压缩机的典型参数

设 备 名 称	新氢压缩机	循环氢压缩机
数量/台	3(2操1备)	1
入口压力(表)/MPa	2.4	13.6
出口压力(表)/MPa	16.5	16.3
相对分子质量	2.03	4.1~5.8
气量/(Nm³/h)	98297	836315

根据以上数据，新氢压缩机气量大，压缩比大，适宜选择6列气缸、3级压缩、对称平衡型往复压缩机，每级均为2只气缸。循环氢压缩机气量大，压缩比小，相对分子质量小，宜选择径向剖分、多级双壳体离心压缩机，6级叶轮，每级叶轮直径约450mm。

（五）重油加氢

重油加氢装置所加工的原料油为减压渣油、减压重蜡油、减压轻蜡油、焦化蜡油以及催化裂化重循环油的混合原料等，其主要目的产品为加氢重油(尾油)，作为下游催化裂化装置的原料，同时副产少量柴油、粗石脑油和气体。重油加氢装置也称为催化原料预处理装置，是反应压力极高的炼油装置之一。表1-33是1套2Mt/a重油加氢装置的压缩机数据。

表1-33　重油加氢装置压缩机的典型参数

设 备 名 称	新氢压缩机	循环氢压缩机
数量/台	3(2操1备)	1
入口压力(表)/MPa	1.85	15.8
出口压力(表)/MPa	19.5	19.3
相对分子质量	2.03	3.6~5.3
气量/(Nm³/h)	30000	250000

根据以上数据，新氢压缩机的压缩比非常大，适宜选择 4 列气缸、3 级压缩对称平衡型往复压缩机，第 3 级为 2 只气缸。也可以设计成 4 列气缸、4 级压缩，每级一只气缸，此时应减小第四级气缸的压缩比，避免因活塞杆的影响而导致第四级活塞杆负荷的大幅增加。

循环氢压缩机气量大，压缩比小，相对分子质量小，适宜选择径向剖分、多级双壳体离心压缩机，共 6 级叶轮，每级叶轮直径约 400mm。

(六) 润滑油加氢

全加氢法的润滑油加工装置由加氢裂化、异构脱蜡和后精制等 3 部分组成，以减三、减四线以及脱沥青油为原料，生产各类基础油。装置设有新氢压缩机和两类循环氢压缩机，表 1-34 是 1 套 300kt/a 高压润滑油加氢装置的压缩机数据。

表 1-34　润滑油加氢装置压缩机的典型参数

设备名称	新氢压缩机 K-101	加氢裂化循环氢 压缩机 K-201	异构脱蜡循环氢 压缩机 K-301
数量/台	2(1 操 1 备)	2(1 操 1 备)	2(1 操 1 备)
入口压力(表)/MPa	2.03	14.59	14.39
出口压力(表)/MPa	18.3	17.14	18.02
相对分子质量	2.03	6.0	6.9
气量/(Nm³/h)	14600	59000	42500

根据上述数据，新氢压缩机气量小，压缩比大，应选择 3 级压缩往复式机组，2 台循环氢压缩机入口状态下的气量非常小，只适合选择单级压缩往复式压缩机组。为了减少机组数量和设备投资，可以将上述 3 个位号的机组设计成组合式机组，有两种组合方式：

方案一：K-101、K-201 组合成一台 4 列气缸、对称平衡型往复压缩机，其中 3 列为新氢，第 4 列为加氢裂化循环氢。另外设置 1 台单独的往复压缩机用于异构脱蜡循环氢。每种机组采用

1操1备的设置，机组的总数量为4台。

方案二：K-201、K-301组合成一台2列气缸、对称平衡型往复压缩机，加氢裂化循环氢和异构脱蜡循环氢分别为1列。另外设置1台单独的往复压缩机用于新氢。每种机组采用1操1备的设置，机组的总数量仍为4台。

（七）沸腾床渣油加氢

沸腾床渣油加氢装置反应压力非常高，化学氢耗极大，可以获得更高的渣油转化率。流程中一般在循环氢回路中设有高压膜分离设施，通过提高循环氢的纯度来减少循环氢的需要量，提纯后的循环氢并入新氢压缩机的第3级入口，和新氢一起压缩后送至反应系统，从而装置不设独立的循环氢压缩机。表1-35是1套2.2Mt/a沸腾床渣油加氢装置的压缩机数据。

表1-35　沸腾床渣油加氢装置压缩机的典型参数

设 备 名 称	氢气压缩机
数量/台	3(2操1备)
入口压力(表)/MPa	2.03
出口压力(表)/MPa	19.7
相对分子质量	2.03
气量/(Nm³/h)	51700(第1、2级) 100000(第3级)

根据以上数据，氢气压缩机相对分子质量小，压缩比大，宜选择4列气缸、对称平衡型往复式机组，其中1、2级各1只气缸，第3级为2只气缸。由于在第3级补充了循环氢，设计中应对第3级气缸设置返回线，以弥补膜分离设施没有投入时第3级气量的不足。

三、连续重整装置

连续重整装置由预处理、催化重整、催化剂再生等三部分组成，其目的是把低辛烷值的石脑油转化成富含芳烃的高辛烷值汽油组分。预加氢部分和普通加氢装置类似，设有循环氢压缩机，重整部分设有循环氢压缩机、增压机和冷冻机，再生部分设有循环气压缩机、氮气压缩机和淘析气鼓风机。表1-36是1套1.2Mt/a逆流床连续重整装置的压缩机数据。

表1-36　连续重整装置压缩机的典型参数

设备名称	预加氢循环 压缩机 K-101	重整循环氢 压缩机 K-201	重整氢增压机 K-202
数量/台	2(1操1备)	1	1
入口压力(表)/MPa	2.0	0.24	0.24
出口压力(表)/MPa	3.0	0.56	2.9
相对分子质量	4.1	8.8	8.8
气量/(Nm³/h)	21000	73717	79895

根据以上数据，预加氢循环压缩机气量不大，宜选择两列气缸、单级、对称平衡型往复压缩机，异步电动机驱动。重整循环氢压缩机，相对分子质量小，气量大，宜选用径向剖分、多级离心式压缩机，6级压缩，叶轮直径为600mm，采用汽轮机驱动。

重整氢增压机气量大，压缩比大，相对分子质量小，对于小规模的重整装置(800kt/a或更小)，增压机可以选择往复压缩机，2级或3级压缩、2操1备的设置。对于大规模装置(如表1-36所示)，适宜选择径向剖分、多级双壳体离心式压缩机，三段压缩。考虑到转子和内壳体的抽芯，增压机K-202应分解为2台独立的机组，压缩机K-202/1为两缸，分别为增压机的第一段和第二段，采用1台双出轴汽轮机驱动；K-202/2仅为增压机的第三段气缸，采用1台独立的汽轮机驱动。

若采用循环氢带产氢的流程，K-201可以利用起来作为K-202的第一段，此时K-201气量将增大一倍左右。K-202则可以减少一段气缸，采用一台双出轴汽轮机驱动两段增压机即可，K-202仅为1台独立的机组。由于再生部分流程中有一部分还原气(压力约0.27MPa)需要返回到增压机,这部分气体含氯,不允许回到重整循环氢压缩机的入口。如果采用循环氢带产氢的流程,需另外单独设置还原气增压机,将这部分气体增压后回到K-202入口,还原气增压机可以选择往复压缩机。

重整部分还有1套冷冻机组,提供含氢气体再接触过程中的冷量,1.2Mt/a重整装置的额定冷量为3.21MW,可以设置2台湿式结构螺杆压缩机,并联操作,若其中1台故障或维修,可以降量操作而不中断装置的运行。制冷剂可以使用丙烷或氨。

根据不同的重整工艺,再生部分的设置有很大的区别。表1-37是中石化自主开发的1.2Mt/a逆流床连续重整工艺再生部分的压缩机数据。

表1-37　连续重整装置压缩机的典型参数

设 备 名 称	再生气循环压缩机 K-251AB	氮气压缩机 K-252	淘析气鼓风机 K-253
数量/台	2(1操1备)	1	1
入口压力(表)/MPa	0.17	0.38	0.4
出口压力(表)/MPa	0.5	0.51	0.42
相对分子质量	30.7	28	28
入口温度/℃	40	40	137
气量/(m³/h)	7622	87.9	550.6

根据以上参数,再生气循环压缩机气量大,压缩比大,适宜选择两列气缸、单级压缩对称平衡型往复压缩机,异步电动机驱动。若气量再大,也可以选择整体齿轮式离心式压缩机,单级悬臂布置。

氮气压缩机气量小,压缩比小,可以选择罗茨鼓风机。淘析气鼓风机气量大,压缩比小,入口温度高,适宜选择单级离心风机。也有用户将气体入口降温后选择罗茨鼓风机,出口再升温后进入系统,从能效上看,罗茨鼓风机不如离心风机。

四、芳烃联合装置

芳烃联合装置由抽提、歧化、苯-甲苯分馏、二甲苯分馏、吸附分离、异构化等6套工艺装置及与之配套的公用工程组成。其中在歧化、异构化装置设有歧化补充氢压缩机、歧化循环氢压缩机和异构化循环氢压缩机。歧化装置中压缩机的功能和加氢装置中的新氢压缩机和循环氢压缩机类似。异构化装置反应压力低，补充氢可以是重整装置的产氢，也可以是歧化装置的外排氢，因此不设专门的补充氢压缩机。表1-38是1套600kt/a芳烃联合装置的压缩机数据。

表1-38　芳烃联合装置压缩机的典型参数

设备名称	歧化补充氢压缩 K-502AB	歧化循环氢 压缩机 K-501	异构化循环氢 压缩机 K-701
数量/台	2(1操1备)	1	1
入口压力(表)/MPa	1.7	3.0	0.61(初期)/ 1.49(末期)
出口压力(表)/MPa	3.6	3.6	0.91(初期)/ 1.71(末期)
相对分子质量	3.75	7.27	7.03(初期)/ 4.81(末期)
入口温度/℃	40	43	43
气量/(Nm³/h)	37948	129702	365702

根据以上参数，歧化补充氢压缩机气量小，气体相对分子质量小，能量头高，宜选择两列气缸、单级压缩、对称平衡型往复压缩机。歧化循环氢压缩机和异构化循环氢压缩机气量大，压缩比小，适宜选择径向剖分、多级离心压缩机。歧化循环氢压缩机为3级400mm叶轮，异构化循环氢压缩机为5级900mm叶轮。

五、催化裂化装置、延迟焦化装置

催化裂化装置的原料为加氢重油、加氢蜡油等，产品为汽油、柴油和 LPG 等。装置中的大型机组有烟机-主风机能量回收机组、备用主风机组、增压机和富气压缩机。主风机用以提供催化加再生烧焦过程中需要的空气，烧焦产生的高温烟气进入烟气轮机回收大量的能量。开工初期，烧焦空气由备用主风机供给，此时装置处于低负荷运行。烟气合格后，启动烟机，由烟机将机组驱动至一定转速，然后启动电机，由烟机和电机共同驱动主风机满负荷运行；装置正常后，若烟机做功超过主风机耗功时，多余部分由电机发电，若不够，则由电机进行补充。

富气压缩机是将分馏塔顶分离出来的富气压缩至 1.7MPa 后进入吸收稳定部分。表 1-39 是 1 套 2Mt/a 催化裂化装置的压缩机数据。

表 1-39　催化裂化装置压缩机的典型参数

设备名称	主风机	烟气轮机	备用主风机	增压机	富气压缩机
数量/台	1	1	1	1	1
入口压力（表）/MPa	0	0.225	0	0.295	0.175
出口压力（表）/MPa	0.4	0.008	0.233	0.395	1.7
相对分子质量	29	29	29	29	37~42
入口温度/℃	20	670	20	220	42
气量/（Nm³/h）	246000	225360	188040	10800	50700

根据以上数据，主风机流量极大，宜选择静叶可调轴流压缩机，13 级压缩，进出口均向下布置；烟气轮机选择单级悬臂、轴向进气、垂直向上排气的结构，主风机与烟气轮机组合成能量回收机组，烟机的额定功率为 16000kW。增压机入口压力高，压缩比小，可以选择单级悬臂、整体齿轮式离心压缩机。富气压缩机气量大，气体相对分子质量大，宜选择水平剖分壳体、7 级叶轮、两段压缩离心式机组，叶轮直径为 520mm。

延迟焦化装置的富气压缩机和催化装置的富气压缩机的功能相同，都是将分馏塔顶的气体送至吸收稳定部分。表 1-40 为 1套 1.5Mt/a 延迟焦化装置的富气压缩机数据。

表 1-40　延迟焦化装置压缩机的典型参数

设 备 名 称	富气压缩机
数量/台	1
入口压力(表)/MPa	0.03
出口压力(表)/MPa	1.3
相对分子质量	24~30
入口温度/℃	42
气量/(Nm³/h)	19800

根据以上数据，富气压缩机气量大，压缩比大，气体相对分子质量大，宜选择水平剖分壳体、8 级叶轮、两段压缩离心式机组，叶轮直径为 450mm。

六、制氢装置

基于烃类水蒸汽转化法的制氢装置是利用炼厂干气作为原料生产氢气的装置，设有原料气压缩机，其功能是将炼厂干气提升至制氢装置所需要的反应压力。表 1-41 是 1 套 45000Nm³/h 制氢装置的压缩机数据。

表 1-41　制氢装置原料气压缩机的典型参数

设 备 名 称	原料气压缩机
数量/台	2
入口压力(表)/MPa	0.5
出口压力(表)/MPa	3.2
相对分子质量	18~30
入口温度/℃	42
气量/(Nm³/h)	19600

根据以上数据，原料气压缩机气量小，压缩能量头大，宜选择对称平衡型往复式压缩机，2 列气缸，2 级压缩，采用同步电动机驱动。如果干气的相对分子质量再大一些，压缩的能量头减

小，也可以选择径向剖分离心压缩机，二段压缩。

七、变压吸附装置

变压吸附(PSA)装置常常用于氢气的提纯，原料是各装置的含氢低分气，产品为高纯度的氢气。原料气中的氢气提纯后剩余的解吸气需要压缩后送至燃料气管网或干气制氢装置。表1-42是90000Nm³/h变压吸附装置的解吸气压缩机数据。

表1-42　PSA装置解吸气压缩机的典型参数

设备名称	解吸气压缩机
数量/台	2
入口压力(表)/MPa	0.05
出口压力(表)/MPa	0.7
相对分子质量	22
入口温度/℃	42
气量/(Nm³/h)	13500

根据上述参数，可以选择对称平衡型往复压缩机，两级压缩。由于压缩气量大，机组应为4列气缸布置，1、2级均为双气缸设计。也可以选择干式结构双螺杆压缩机，转子直径510mm，喷液操作，一段压缩。

八、催化汽油吸附脱硫装置 S-Zorb

S-Zorb专利技术由ConocoPhillips公司专门为汽油脱硫开发，后被中石化整体收购。该技术是基于吸附作用原理对汽油进行脱硫，通过吸附剂选择性地吸附含硫化合物中的硫原子而达到脱硫目的。装置中设有新氢和循环氢压缩机，其功能和作用原理与其他加氢装置相同。此外，冷产物分离罐顶的少部分气体经过反吹氢压缩机升压后，用于气体聚集器和反应器过滤器的反吹。如表1-43所示1套1.5Mt/a催化汽油吸附脱硫装置的压缩机数据。

表 1-43　S Zorb 装置压缩机的典型参数

设备名称	循环氢压缩机 K-101	反吹氢压缩机 K-102	新氢压缩机 K-103
数量/台	2	2	2
入口压力(表)/MPa	2.638	2.638	1.85
出口压力(表)/MPa	3.7	6.63	3.75
相对分子质量	7.1	7.1	2.03
入口温度	43	43	40
气量/(Nm³/h)	18000	1800	5500

根据以上参数，循环氢压缩机气量小，适宜选择 2 列气缸、单级压缩、对称平衡型往复压缩机，两列均为一级气缸。反吹氢压缩机和新氢压缩机的气量更小，压缩比不大，宜选择单级压缩往复式压缩机。为节省占地空间，常常将反吹氢压缩机和新氢压缩机设计成组合式机组，为对称平衡型往复压缩机，两列设置，反吹氢和新氢各占一列。

第六节　机组控制系统

新型炼油厂全厂只设一个中央控制室，压缩机控制机柜以及装置的分散型控制系统 DCS(Distributed Control System)机柜均布置在现场机柜间 FAR(Field Auxiliary Room)，然后用光缆将这些信号连接到中央控制室 CCR(Central Control Room)，图 1-52 是典型的离心压缩机控制系统的框架图。往复压缩机同样可以选用这种模式，也可以设计一套控制系统，将装置中的所有离心压缩机、往复压缩机整合到这套系统之中。

一、PLC 的选择

PLC 是控制系统的核心部分，压缩机的报警、安全联锁、启停控制均由 PLC 完成。PLC 的选型主要取决于 CPU、I/O 卡、

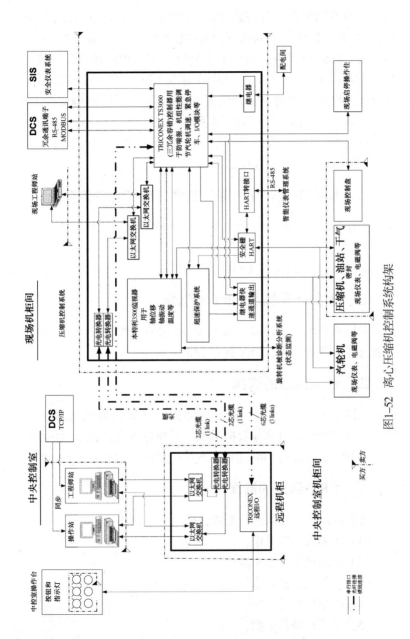

图1-52 离心压缩机控制系统构架

95

通讯卡的不同配置。目前常用的 PLC 有 GE-FANUC 公司(90-30，90-70)系列、Triconex 的 TS3000 系统、Siemesn 'S7' 系列、ALLEY-BRALEY 系列产品。如有特殊要求，PLC 还可配置成冗余型(Redundant)，即要求 PLC 具有双 CPU、双 I/O、双电源、冗余通讯模块，因而控制系统更安全可靠。其中 TS3000 和 GE Funac 90-70 为 TMR 三冗余容错系统(Triple Module Redundant)，广泛应用于大型离心压缩机的控制。GE 90-30 以及 Siemens S7-300 一般用于往复压缩机控制系统。

二、操作系统软件、驱动软件、控制软件的选择

操作系统软件环境一般为 WINDOWS 环境，驱动软件要求能适合于以太网接口，控制软件用专门厂商的产品，如美国 Wonder Ware 公司 IN-TOUCH 工控软件。

三、上位计算机及 CRT 的选择

无特殊要求，用户可根据实际需要进行配置。目前，上位机一般选择工业计算机，CRT 选择 LCD 产品。

四、通讯网络的选择

采用以太网卡，TCP/IP 通讯协议。计算机在以太网上与 PLC 实现安全快速可靠地数据通讯。另外还可设通讯卡(RS485/232 MODBUS 协议或 PROFIBUS 协议)与用户的 DCS 进行通讯。

五、CRT 画面的选择

可根据用户的要求进行配置，但至少应包括：
(1) 压缩机气路系统；
(2) 压缩机冷却水系统；
(3) 压缩机润滑油系统；
(4) 压缩机机身系统；
(5) 压缩机轴系监测；

(6) 汽轮机调节油系统；

(7) 干气密封系统；

(8) 蒸汽疏水系统；

(9) 调速画面；

(10) 防喘振画面；

(11) 压缩机系统报警窗；

(12) 压缩机棒状图；

(13) 压缩机历史记录。

六、机组状态监测

在设计离心压缩机控制系统时，可将透平机械状态监测与诊断系统 NET8000 PLUS 集成在控制系统。该系统主要由现场监测站 NET8000 PLUS 和 WEB8000 PLUS 中心服务器两部分构成，如图 1-53 所示。

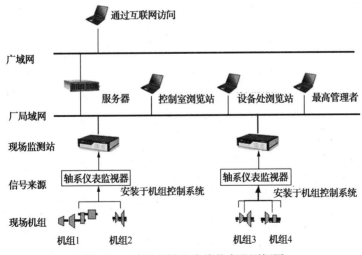

图 1-53　离心压缩机在线状态监测框图

现场监测站 NET8000 PLUS 通过硬接线与机组二次仪表状态监测专用接口(如 Bently 3500 的 22 模块)连接，获取机组轴振动、轴位移、键相等信号，并将这些信号进行处理后再通过

TCP/IP 协议传输给 WEB8000 服务器。WEB8000 服务器接收、存储、备份现场监测站上传的数据(包括实时数据、趋势数据、历史数据及启停机数据等 4 大类),管理状态监测数据库,向浏览站发布状态监测数据。每台 WEB8000 可以管理 64 台 NET8000 PLUS,全厂可以只设置一台服务器。机组的状态信息可以在现场控制室、设备管理部门以及最高管理者办公室查询并提供诊断信息,也可以通过互联网随时监控。

第二章　泵

泵广泛应用于炼油装置及其辅助设施中。据统计，一座常规炼厂有泵 1000 多台，其中离心泵占 83%，往复泵占 6%，齿轮泵占 3%，其余为螺杆泵和真空泵。泵送介质的温度为 -140 ~ 500℃，压力由真空至 35MPa，介质多为易燃、易爆、腐蚀或含固体颗粒。

按泵的工作原理可分为容积泵和动力式泵，如图 2-1 所示[9]。

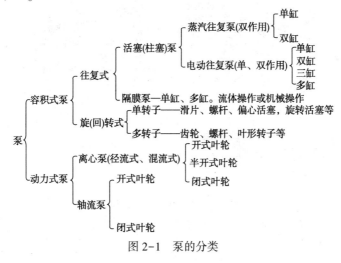

图 2-1　泵的分类

第一节　离心泵

一、基本类型

离心泵一般包括壳体、叶轮、轴、蜗壳、轴承箱和轴封装置等主要部件，接触介质的过流部件为泵壳、叶轮和隔板等。炼油装置中常用的离心泵有以下几类：

（1）单级悬臂泵，如图 2-2 所示；

（2）两端支撑单级泵，如图 2-3 所示；

（3）两端支撑两级泵，如图 2-4 所示；

（4）筒形多级泵，如图 2-5 所示；

（5）立式液下泵，如图 2-6 所示。

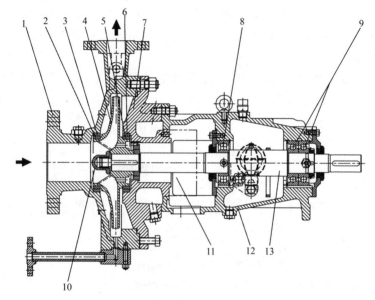

图 2-2　单级悬臂泵剖面图

1—泵壳；2—前叶轮口环；3—前壳体口环；4—叶轮；5—后叶轮口环；
6—后壳体口环；7—泵盖；8—径向轴承；9—推力轴承；10—叶轮锁紧螺母；
11—机械密封；12—轴承箱；13—轴

二、离心泵的性能参数

（一）流量 Q

流量是指泵在单位时间内输送液体的数量，通常以体积流量表示，单位一般采用 m^3/h。

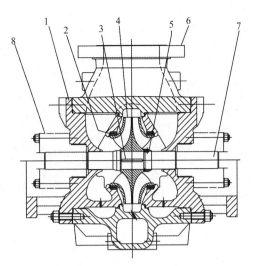

图 2-3　两端支撑单级泵（双吸叶轮）剖面图

1—泵盖；2—口环；3—键；4—叶轮；

5—锁紧螺母；6—泵壳；7—泵轴；8—机械密封

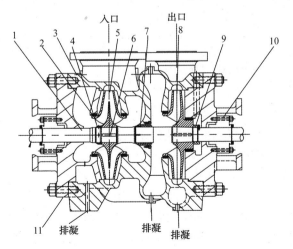

入口　　出口

图 2-4　两端支撑两级泵（首级叶轮为双吸）剖面图

1—泵轴；2—口环；3—泵体；4—锁紧螺母；5—首级叶轮（双吸）；

6—键；7—级间衬套；8—二级叶轮；9—锁紧螺母；10—机械密封；11—泵盖

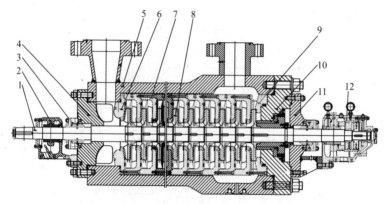

图 2-5 筒形多级离心泵剖面图

1—轴；2—径向轴承；3—机械密封；4—端盖；5—筒体；6—吸入函体；

7—隔板；8—叶轮；9—排出函体；10—端盖；11—机封压盖；12—推力轴承

(二)扬程 H

扬程是指单位质量液体通过泵后获得的有效能量，通常以介质的液柱高度表示，根据式(2-1)进行计算，单位为 m 液柱。

$$H = \frac{P_2 - P_1}{\rho \cdot g} \qquad (2-1)$$

式中　P_2——泵的出口压力，Pa；

P_1——泵的入口压力，Pa；

ρ——液体密度，kg/m³；

g——重力加速度，m/s²。

(三)转速 n

转速是指泵每分钟运行的转数，单位为 r/min。如果离心泵由电动机直接驱动，其转速也就是电机的转速，如 3000r/min、1500r/min 等。当转速 n 变化时，离心泵的流量、扬程和功率都随之发生变化，它们之间的关系是：流量 Q 与转速 n 成正比，扬程 H 与转速 n 的平方成正比，功率 N 与转速 n 的三次方成正比。

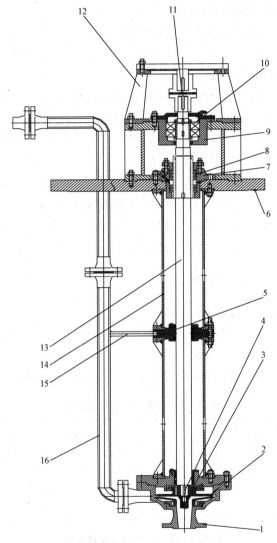

图 2-6 立式液下泵剖面图

1—泵壳；2—叶轮；3—锁紧螺母；4—键；5—中间轴套；6—安装底板；
7—填料压盖；8—填料；9—轴承座；10—轴承；11—联轴器；12—电机支架；
13—轴；14—支撑管；15—冲洗管；16—排液管

(四) 汽蚀余量 NPSH

汽蚀余量又叫净正吸入头,指泵吸入口的总压减去泵送液体在操作温度下的饱和蒸气压(以液柱高度计),是表征离心泵汽蚀性能的特征参数。

有效汽蚀余量 $NPSH_a$(NPSH available),是指由买方根据该泵的现场安装情况,以额定的泵送流量和温度确定的汽蚀余量。对于卧式泵,基准面是泵轴中心线;对于立式泵,基准面是指基础顶面。

必需汽蚀余量 $NPSH_r$(NPSH required),是指在离心泵不发生汽蚀的条件下,泵入口处必须具有的超过介质汽化压力的压头(以液柱高度计),是泵本身具有的一种特性,由制造厂通过试验获得。离心泵的最小汽蚀余量也可以按式(2-2)进行估算[10]。

$$(NPSH_r)_{min} = 10 \cdot \left(\frac{n \cdot \sqrt{Q}}{C} \right)^{1.33} \qquad (2-2)$$

式中 n——运行转速,r/min;

Q——泵送温度下的液体流量,m^3/s,如果为双吸泵,Q 取总流量的一半;

C——汽蚀余量系数,可按表2-1或表2-2确定。

表 2-1 离心泵的汽蚀余量系数

流量 $Q/(m^3/h)$	6	20	60	100	150	200	300	>300
C ($n=3000r/min$)	400~450	550~600	750~800	900~1000	1000~1100	1100~1200	1200~1300	1250~1350
C ($n=1500r/min$)				550~600	650~700	700~750	750~850	850~1000

表 2-2 离心泵的汽蚀余量系数

泵的比转速 N_s	13.7~19.2	19.2~22	22~41	41~55
C	600~750	80	800~1000	1000~1200

为保证泵的平稳运行,必需汽蚀余量 $NPSH_r$ 必须小于有效汽

蚀余量 $NPSH_a$ ，考虑到计算和操作上的一些不确定因素，工程设计中一般要求两者之间的富裕量至少要达到 1.0m 以上，且不小于 $NPSH_r$ 的 10%。

（五）比转速 N_s

比转速是反映泵相似工况的一个特征参数，相似工况下的离心泵的比转速基本相等。是按泵壳所能安装的最大直径叶轮、最佳效率点的流量和扬程进行计算，用式（2-3）表示：

$$N_s = n \cdot \frac{Q^{0.5}}{(H/i)^{0.75}} \qquad (2-3)$$

式中　N_s——比转速；

n——运行转速，r/min；

Q——最大叶轮最佳效率点的流量，m^3/s。如果为双吸泵，Q 取总流量的一半；

H——最大叶轮最佳效率点的扬程，m；

i——级数。

比转速对离心泵性能的影响：

（1）低比转速离心泵的性能曲线比较平坦，容易出现驼峰，高比转速的性能曲线较陡；

（2）低比转速离心泵的高效区较宽；

（3）低比转速离心泵的 $NPSH_r$ 较小，抗汽蚀性能较好；

（4）低比转速离心泵的叶轮外径较大，轮盘表面摩擦损失较大，而且出口宽度较窄，叶片数多，水力损失较大，通常低比转速离心泵的效率较低。不过对于比转速极高的泵，其漩涡损失非常大，效率同样较低。

可以根据比转速的数值粗略地确定泵的类型，对于普通离心泵，比转速的值一般在 10~80 之间。比转速如果超过 80，则属于混流式叶轮的范畴了。如果比转速小于 10，则宜选择往复泵。

（六）汽蚀比转速 S

汽蚀比转速是衡量离心泵对内部回流的敏感指标。用式（2-4）表示：

$$S = n \cdot \frac{Q^{0.5}}{NPSH_r^{0.75}} \qquad (2\text{-}4)$$

式中 S——汽蚀比转速；

n——运行转速，r/min；

Q——最大叶轮最佳效率点的流量，m^3/s，如果为双吸泵，Q 取总流量的一半；

$NPSH_r$——最大叶轮最佳效率点的流量下对应的必需汽蚀余量，m。

根据统计，若汽蚀比转速位于 159～238 之间，该泵的可靠性远远高于运行在其他区域的泵。工程设计中通常要求制造商报价的汽蚀比转速小于 213。

(七) 效率 η

效率是指泵的有效功率与输入功率的比值，反映了泵中能量损失的程度。泵的能量损失包括三种：容积损失(主要是由内泄漏造成)、机械损失(轴承、机械密封、摩擦等机械传动损失)和水力损失(液体的流动损失)。

$$\eta = \frac{N_e}{N} = \eta_v \eta_m \eta_h \qquad (2\text{-}5)$$

式中 η——泵效率；

N_e——有效功率，$N_e = Q\rho g H$，kW；

N——泵的输入功率，也称为轴功率，kW；

η_v——容积效率；

η_m——机械效率；

η_h——水力效率。

三、离心泵的工作原理和基本理论

离心泵启动前必须在泵腔充满液体，俗称为灌泵，之后驱动机带动叶轮开始旋转，泵腔内的液体随叶轮一起旋转产生离心力，液体沿叶片高速甩向叶轮出口，液体进入蜗壳或扩散器后随着流道的扩大，产生滞止效应，流速降低，压力得到提升。在叶轮内液体甩向叶轮出口的同时，叶轮入口处形成低于上游液体静压的压力区或真空，在该差压的驱动下，液体源源不断地进入叶轮，这样形成液体的连续流动。

离心泵和离心压缩机均属于叶轮机械，同样遵循欧拉方程。叶轮传递给单位质量液体的能量表示为：

$$H_t = \frac{c_{2u} \cdot u_2 - c_{1u} \cdot u_1}{g} \tag{2-6}$$

或

$$H_t = \frac{u_2^2 - u_1^2}{2g} + \frac{c_2^2 - c_1^2}{2g} - \frac{w_2^2 - w_1^2}{2g} \tag{2-7}$$

式中　H_t——理论扬程，m；

u_2——叶轮出口处的圆周速度，m/s；

c_2——液体离开叶轮的绝对速度，m/s；

w_2——液体离开叶轮的相对速度，m/s；

c_{2u}——叶轮出口绝对速度沿圆周方向的分量，m/s；

u_1——叶轮入口处的圆周速度，m/s；

c_1——液体进入叶轮的绝对速度，m/s；

w_1——液体进入叶轮的相对速度，m/s；

c_{1u}——叶轮入口绝对速度沿圆周方向的分量，m/s；

g——重力加速度，m/s²。

四、离心泵的汽蚀

（一）汽蚀现象的产生

离心泵运转时，介质在离心泵内的压力变化如图 2-7 所示。液体压力从泵入口到叶轮入口压力先逐步降低，到叶轮的某处达到最低值 P_k，之后由于叶轮做功，压力很快开始上升。若最低压力 P_k 低于泵送液体在当前温度下的饱和蒸气压力 P_v 时，液体发生汽化。此外，液体中溶解的气体也可能因压力的下降而逸出，这样就产生大量的气泡。这些气泡在跟随液体向下游移动的过程中，随着压力的提升，外界压力高于气泡内的压力，气泡就会凝结溃灭，从而形成空穴。瞬间内周围的液体以极高的速度冲向空穴，造成液体的互相撞击，在局部区域产生高压，有时甚至达到几十兆帕(MPa)。这些气穴不仅阻碍液体的正常流动，更为严重的是，如果这些气泡点靠近叶轮的壁面，液体就会象无数的小子弹头打击金属壁面，其撞击频率非常高，有可能达到2000~3000Hz，金属表面会因冲击疲劳而产生大量的点蚀，如若气泡中夹带某种活性气体，如氧气等，它们借助气泡凝结时放出的热量(局部可能达到300℃)，还会形成热电偶，产生电解，引发金属的电化学腐蚀，进一步加速叶轮的破坏速度。上述这种液体汽化、凝结、撞击，形成高温、高压、高频冲击负荷，造成叶轮材料的机械剥落和电化学腐蚀的综合现象称为汽蚀。

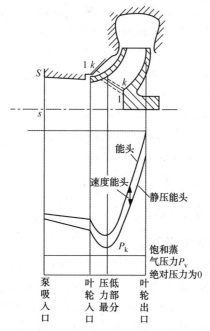

图2-7　离心泵内的压力变化

(二) 汽蚀对泵性能的影响

(1) 汽蚀会造成叶轮的金属剥落，严重影响泵的运行寿命。

108

（2）汽蚀初期会影响叶轮与介质之间的能量传递，使泵的效率下降，汽蚀严重时，性能曲线的末端会急速下降，泵将没有流量输出。

（3）汽蚀会造成剧烈的振动和噪声。气泡破裂时，导致液体与液体之间、以及液体与金属壁面之间的猛烈撞击，甚至能听到劈啪的爆裂声。

（三）提高离心泵抗汽蚀的措施

（1）通过水力学的改善来提高泵本身的抗汽蚀能力。离心泵的必需汽蚀余量可以理解为从泵入口到叶轮内最低压力点之间的压力损失(以液柱高度计算)，因此，适当增加叶轮吸入口的通流面积，增加叶轮盖板的曲率半径可使叶轮的流速变缓，减小叶轮进口边的厚度，修整叶轮进口处的圆弧度使之接近于流线型，提高泵过流部件的表面光洁度，都是改善泵抗汽蚀性能的有效办法。优化泵的内部间隙，减少泵的内泄漏量也有利于提高泵的抗汽蚀能力。

（2）采用双吸式叶轮。介质从叶轮两侧同时进入叶轮，叶道中流速几乎减少一半，因此泵的必需汽蚀余量大幅降低。

（3）增加诱导轮。也就是在叶轮入口再设一个轴流叶轮，对流体先进行增压，然后再进入离心叶轮。诱导轮的功能等同于提高了系统的有效汽蚀余量。不过，卧式泵一般不推荐使用诱导轮。

（4）采用抗汽蚀的材料。如果工艺操作条件波动范围较大，可能出现系统的有效汽蚀余量较低的情况，可以适当提高材料等级以避免短时间的汽蚀而造成泵的损坏。

以上是从泵的设计和制造提高抗汽蚀能力的方法。工程上最有效的防止离心泵汽蚀的措施是提高系统的有效汽蚀余量 $NPSH_a$。

五、离心泵的性能曲线

离心泵的性能曲线是指泵的扬程 H、效率 η、功率 N 和必需

汽蚀余量 $NPSH_r$ 随流量变化的四条曲线，如图 2-8 所示。为了方便切割叶轮，扬程曲线应包括额定叶轮、最小叶轮和最大叶轮，共 3 条。扬程曲线一般还应指出最小连续稳定流量 $MCSF$（Minimum Continuous Stable Flow）。

工程设计时应对性能曲线有如下要求：

（1）从额定点到关死点的扬程曲线应是连续上升的，不得出现驼峰曲线。为了方便对流量进行调节，扬程上升幅度最好在 10%~20%。

（2）额定流量应位于最佳效率点 BEP（Best Efficiency Point）流量的 80%~110%。

（3）额定叶轮下的扬程至最大叶轮下的扬程至少有 5% 的升量。

（4）泵的最小连续稳定流量宜小于工艺的最小操作流量，否则应在工艺流程中设计泵的旁路。

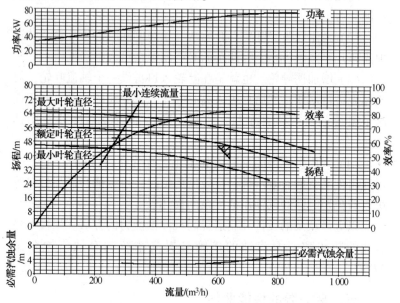

图 2-8　离心泵的性能曲线

六、离心泵的结构

(一) 泵壳

泵壳的剖分形式有两种：轴向剖分(水平剖分)和径向剖分(垂直剖分)。工艺流程泵具有下列条件之一者，应选择径向剖分的泵壳：

(1) 操作温度在200℃或更高；

(2) 输送易燃或有毒液体，且在泵送温度下的相对密度小于0.7；

(3) 出口压力(表)高于10MPa。

泵壳的支撑方式通常为脚支撑(适用于OH1)、中心线支撑(适用于OH2、BB1、BB2、BB3、BB4、BB5)、底部支撑(适用于OH3、OH4、OH5、OH6)和法兰式安装(适用于VS1～VS7)四种类型。API 610规定优先采用中心线支撑，同时也指出，若泵送温度低于150℃，BB1、BB2、BB3和BB5可以采用脚支撑方式。API 610不推荐使用双吸悬臂泵、两级悬臂泵和节段式多级离心泵。按API 610规定，泵壳的设计压力至少是泵的最大出口压力，同时还需要满足：

(1) 轴向剖分的单级或两级双支撑泵(BB1)和单壳体的立式悬臂泵(VS1～VS5)，泵壳的设计压力(表)至少为2.0MPa；

(2) 对其他泵型，泵壳在38℃下能承受的压力(表)至少要达到4.0MPa。因此，常规流程泵的泵壳接口法兰等级至少为PN5.0MPa。

(二) 转子

泵的主要旋转部件如叶轮、平衡鼓等需要进行动平衡，平衡精度为ISO 1940-1 G2.5。为了获得良好的密封性能，在最恶劣的工作环境下，主轴的主要密封处(包括口环和轴端密封)的挠度不应超过50μm，通常通过轴径、轴的跨度或悬臂长以及泵体的优化设计来达到。单级和两级泵应设计成刚性转子，其一阶干态横向临界转速应至少高于泵的运行转速20%以上。对于悬臂泵，可以通过轴的挠性指数 *SFI*（Shaft Flexibility Index）来描述轴的刚性程度，如图 2-9 所示。在采买过程中常作为一个重要的参数来对泵进行技术评价。

$$SFI = L_1^3/D^4 + L_1 L_2^2/D_2^4 \qquad (2-8)$$

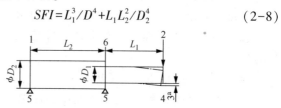

图 2-9　轴的挠性指数

1—简化轴；2—叶轮的径向载荷；3—变形；4—叶轮端部；5—轴承；6—悬臂泵

备注：a—变形与载荷成正比关系。

对于双支撑泵（Between Bearing），用柔性因子 F_f（Flexibility Factor）来表征泵轴的刚性。

$$F_f = L^4/D^2 \qquad (2-9)$$

式中　L——轴承跨距，mm；

　　　D——叶轮处最大轴径，mm。

满足下列条件之一者，应按表 2-3 对转子作低速动平衡。

（1）三级或三级以上的多级泵；

（2）单级泵或两级泵，其最大连续转速大于 3800r/min。

表 2-3　转子动平衡要求

配 合 关 系	最大连续转速/ （r/min）	柔性因子/mm²	转子动平衡等级
间隙配合	≤3800	没有限制	不可行
过盈配合	≤3800	没有限制	G2.5
过盈配合	>3800	≤1.9×10⁹	G1.0

如果轴的柔性因子大于 1.9×10^9，转速最好控制在 3800r/min 以下。此类柔性转子需要作特殊的设计、制造和维护才能完成动平衡。

(三) 轴承

每根轴由两个径向轴承和一个推力轴承支撑，该推力轴承可以是单独的轴承，也可以与其中的一个径向轴承组合使用。轴承一般采取下列组合中的一种：滚动型径向轴承和推力轴承，动压型径向轴承和滚动型推力轴承，动压型径向轴承和推力轴承。轴承的选取原则见表2-4。

表2-4　轴承的选取原则

条件	轴承形式及组合
径向轴承和推力轴承的转速和寿命在滚动轴承的极限值[1][2]之内，同时泵的能量强度低于极限值[3]	滚动型径向和推力轴承
径向轴承转速和寿命超出滚动轴承的极限值，推力轴承转速和寿命在滚动轴承的极限值之内，同时泵的能量强度低于极限值	流体动压径向轴承和滚动推力轴承或流体动压径向轴承和推力轴承
径向轴承和推力轴承的转速和寿命超出滚动轴承的极限值，或泵的能量强度高于极限值	流体动压径向轴承和推力轴承

注：极限值的定义如下：

① 滚动轴承转速极限值：油润滑轴承的系数 nd_m 不超过 500000。脂润滑轴承的系数 nd_m 不超过 350000。

式中 d_m ——平均轴承直径 $(d+D)/2$，mm；

n ——转速，r/min。

② 滚动轴承系统寿命极限值：根据 ISO281（ANSI/ABMA 标准 9）定义，其基本额定寿命 L_{10} 是指在额定工况下至少连续运行 25000h，在最大径向和轴向负荷与额定转速下至少运行 16000h。

③ 压缩机能量强度：即功率（kW）与转速（r/min）的乘积，如果该值超过 4000000，则必须使用流体动压径向轴压缩机功率。

根据 API 610，轴承系统的寿命是指多只轴承的组合寿命，不同于单只轴承的寿命，按式（2-10）计算。

$$L_{10,\text{轴承系统}} = \left[\left(\frac{1}{L_{10,\text{轴承1}}} \right)^{\left(\frac{3}{2}\right)} + \left(\frac{1}{L_{10,\text{轴承2}}} \right)^{\left(\frac{3}{2}\right)} + \cdots + \left(\frac{1}{L_{10,\text{轴承}n}} \right)^{\left(\frac{3}{2}\right)} \right]^{\frac{2}{3}}$$

（2-10）

油雾润滑作为减少轴承故障的重要手段之一，逐步在炼油厂得到应用。其主要原理是将仪表空气接入油雾润滑主机，通过涡流雾化工艺，产生由 3~5μm 的油雾颗粒组成的含油量仅为 5mg/kg 的油雾流，再通过管道将油雾送到每台机泵需要润滑的部位。油雾可输送到距离主机百米以外的机泵，只要油雾输送管道的水平累计长度不超过 180m 的机泵都可得到同一主机提供的油雾。对于使用滚动轴承的非强制润滑的常规机泵，可采用纯油雾润滑方式；对于使用滑动轴承的非强制润滑的常规设备，可采用吹扫式油雾润滑，即保留原有润滑油液位，通入油雾并吹扫液面的上部空间；对于轻载的机泵，油雾通入轴承箱即可；对于重载轴承，应配以定向油雾节流器，将油雾直接吹到滚动元件上。轴承箱一般维持微正压(25Pa 左右)，防止外来水汽和污染物的进入，维持清洁的轴承环境。采用油雾润滑方式，不仅可以大幅提高轴承的寿命，同时可以减少润滑油和循环冷却水的消耗。

七、离心泵的调节

工艺操作条件的变化，或者管网系统阻力特性的变化，都需要对离心泵进行调节。最终要达到的目标是泵送流量与管道系统内的流量相等，泵的扬程与管网的阻力相当，从而达到能量的平衡，泵和装置才能稳定操作。

(一) 改变泵的特性

1. 改变转速

通过改变驱动机的运行转速来改变泵的性能，是最经济的调节方式。如果电机是驱动机，可以通过变频来实现。如果驱动机是汽轮机，可以直接通过汽轮机的调速功能来实现。

转速改变后的性能按式(2-11)至式(2-15)换算。

流量比：
$$\frac{Q_1}{Q_2} = \frac{n_1}{n_2} \qquad (2-11)$$

扬程比：
$$\frac{H_1}{H_2} = \left(\frac{n_1}{n_2}\right)^2 \qquad (2-12)$$

汽蚀余量比：
$$\frac{NPSH_{r1}}{NPSH_{r2}} = \left(\frac{n_1}{n_2}\right)^2 \qquad (2-13)$$

轴功率比：
$$\frac{N_1}{N_2} = \left(\frac{n_1}{n_2}\right)^3 \qquad (2-14)$$

效率比：
$$\eta_1 \approx \eta_2 \qquad (2-15)$$

式中脚标1、2分别对应两种转速下的性能。

2. 切割叶轮直径

当装置的处理量发生变化，或者泵的选型偏大，可以切割泵叶轮外径来降低其流量、扬程和功率。叶轮切割一般只应用于单级泵，而且只切割叶片而保留轮盘和盖板。对于多级离心泵，切割叶轮导致效率和扬程下降太大，更换小叶轮必须同时更换导叶、隔板等内件。

（1）对于中高比转速离心泵（$N_s = 22 \sim 80$），叶轮外径被切小时，其出口宽度有变化但出口面积基本不变，叶轮切割后的性能可近似地按式（2-16）至式（2-18）换算。

流量比：
$$\frac{Q_1}{Q_2} = \frac{D_1}{D_2} \qquad (2-16)$$

扬程比：
$$\frac{H_1}{H_2} = \left(\frac{D_1}{D_2}\right)^2 \qquad (2-17)$$

轴功率比：
$$\frac{N_1}{N_2} = \left(\frac{D_1}{D_2}\right)^3 \qquad (2-18)$$

（2）对于低比转速泵（$N_s = 10 \sim 22$），叶轮外径被切小时，其出口宽度变化较小，但出口面积有变化，叶轮切割后的性能可近似地按式（2-19）至式（2-21）换算。

流量比：
$$\frac{Q_1}{Q_2} = \left(\frac{D_1}{D_2}\right)^2 \qquad (2-19)$$

扬程比：
$$\frac{H_1}{H_2} = \left(\frac{D_1}{D_2}\right)^3 \qquad (2-20)$$

轴功率比：
$$\frac{N_1}{N_2} = \left(\frac{D_1}{D_2}\right)^4 \qquad (2-21)$$

式中脚标 1、2 分别对应两种叶轮直径下的性能。

3. 封闭叶轮的几个工作通道

封闭叶轮通道的方法比节流调节更经济，为了保证叶轮径向力的平衡，叶轮的通道数必须是偶数。另外，单叶轮通道封闭后改变了轴和轴承的载荷状态，必须重新做动平衡，因此这种方法较少采用。

（二）改变管网的特性

1. 出口节流

出口节流是最常用而又最简单的操作方法，即调节出口阀的开度，增加管道系统的阻力以减少流量。出口节流功率损失大，不经济，一般应用于流量范围变化较小的工况。

2. 入口节流

入口节流同时改变了泵和管网的特性，这种方法有可能引起泵的汽蚀。一般应用于入口压力较高且 $NPSH_a$ 较高的工况。

3. 旁路调节

当装置降量操作时，需要的流量可能低于泵的最小连续稳定流量 $MCSF$（Minimum Contiuous Stable Flow），此时应采用旁路调节。旁路调节是使泵的实际运行点向大流量方向移动，通过旁路返回多余的流量以获得工艺系统所需要的小流量。

为了避免液体产生过热，泵的旁路最好返回至入口罐，不宜直接回到入口管道。

八、离心泵的选型

（一）泵型选择

炼油厂应用的离心泵一般按美国石油学会标准 API 610 进行选型。从经济性的角度考虑，如果单级悬臂泵（OH2）能够满足工艺的操作，应首选单级悬臂泵。

（二）材料选择

炼油装置的介质主要分为几类，对应的材料选择见表 2-5。

表 2-5 离心泵的材料选择

介 质	操作温度	材 料 选 择
无腐蚀性或含轻微腐蚀性介质的碳氢化合物	<230℃	碳钢材料，对应于 API 610 的材料代码为 S-5
	230~370℃	12% Cr 不锈钢材料，对应于 API 610 的材料代码为 S-6，叶轮材料为 12%Cr，泵壳材料为碳钢
	≥370℃	12% Cr 不锈钢材料，对应于 API 610 的材料代码为 C-6。叶轮、泵壳均为 12%Cr
含强腐蚀性介质的碳氢化合物	所有温度	不锈钢材料，对应于 API 610 的材料代码为 S-8 或 A-8
含盐污水	常温	抗 Cl^- 离子的材料，如双相钢等，对应于 API 610 的材料代码为 D-1 或 D-2

（三）转速的确定

如果驱动机为电机，可以先假定工作转速为 3000r/min，按式(2-22)计算其最小汽蚀比转速 S_{min}。

$$S_{min} = n \cdot \frac{\sqrt{Q}}{(NPSH_a - 1.0)^{0.75}} \qquad (2-22)$$

式中 S_{min}——最小汽蚀比转速；

   n——运行转速，r/min；

   Q——入口流量，m^3/s；

   $NPSH_a$——有效汽蚀余量，m。

若计算的 S_{min} 小于推荐值 213，可以认为所选择的电机转速是合适的。否则，应采用适当的方法进行调整，例如：

（1）调整为双吸泵；

（2）将转速变为 1500r/min 或更低。

（四）级数的确定

按照上面确定的转速，先假定级数，然后根据式(2-3)计算比转速 N_s，再确定泵的运行效率。对于大型离心泵，其效率不应太低，否则应考虑增加级数，以提高能量的利用率。对于一些小功率离心泵，尽管其比转速和效率均很低，仍以选择单级泵为主。

（五）效率的确定

泵的效率跟泵送流量和比转速有关，可以通过图 2-10 选取[11]。

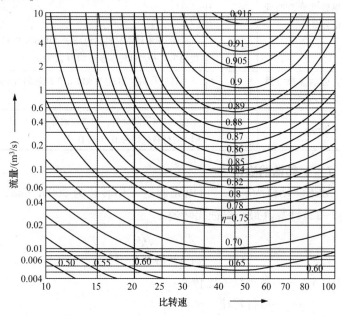

图 2-10　离心泵的效率

（六）叶轮直径的计算

叶轮的设计与水力学模型息息相关，作为工程应用，可以用经验公式(2-23)进行叶轮直径的估算。

$$D = \frac{0.45 \cdot N_s + K}{n} \cdot \sqrt{H} \qquad (2-23)$$

式中　D——叶轮直径，m；

　　　N_s——比转速；

　　　H——单级扬程，m；

　　　K——系数，值为 71~75；

n——转速，r/min。

从能量转换的角度，叶轮出口介质的动能全部转化为压力能，可以得到另一种估算叶轮直径的办法。

$$D = \frac{60}{n\pi} \cdot \sqrt{2gH} \qquad (2-24)$$

需要提醒注意的是，以上计算是假定工艺需要的流量和扬程就是泵的最佳效率点的流量和扬程，同时考虑了 $NPSH_a$ 与 $NPSH_r$ 之间至少 1.0m 的余量。而往往离心泵真正的操作流量并不在最佳效率点，实际叶轮也不是泵所能安装的最大叶轮，因此上述的计算过程中存在一定的误差，如果有条件的话，可以使用制造商的样本对上述结果进行复核。

计算出叶轮直径后，应对叶轮的轮尖线速度进行校核，不应超过表 2-6 中规定的极限值。

表 2-6　离心泵叶轮轮尖线速度的极限值

材　　料	线速度/(m/s)
铸铁	35
铜	45
奥氏体不锈钢	65
碳钢	70
12% Cr 不锈钢	80

(七) 驱动机的选择

确定泵效率之后，泵的轴功率 N 通过式(2-25)进行计算。

$$N = Q \cdot \rho \cdot g \cdot H / (1000 \cdot \eta) \qquad (2-25)$$

式中　N——轴功率，kW；

Q——流量，m^3/s；

ρ——密度，kg/m^3；

g——重力加速度，$9.8m/s^2$；

H——扬程，m；

η——效率。

若驱动机为电动机，其铭牌功率相对于泵轴功率的比值应不低于表2-7中定义的安全系数K。

表2-7　电机功率的安全系数

电机铭牌功率/kW	安全系数K
<22	1.25
22~55	1.15
≥55	1.1

此外，电机的选择还应考虑下列特殊要求：

（1）有自启动要求的泵，电机功率不应小于额定叶轮下的最大功率，即性能曲线右端点 EOC 点（End of Curve）的轴功率。

（2）现场水联运，电机功率不应小于在最小连续流量下以水为介质的轴功率。

（3）当地大气温度和海拔高度对电机输出功率的影响。

（4）对于并联操作的泵，为避免其中一台故障时两台泵之间的抢量，驱动机应能满足在最大流量下操作。

若选用汽轮机作驱动机，其额定功率应满足泵在额定点的所需功率，并至少留有10%的安全裕量。汽轮机的极端工况应考虑在最小的进汽条件和最大的排汽条件下仍能发出足够的功率。驱动离心泵的汽轮机一般执行 API 611 标准（石油、化学、气体工业用一般用途汽轮机），通常为背压式、单级冲动型汽轮机，其效率比较低。对于常规的蒸汽条件，进汽/排汽压力（表）为1.2MPa/0.65MPa，可以参考表2-8选择汽轮机的效率[10]。

表2-8　小型汽轮机的效率

功率/hp	5	10	10	50	100	200	500
效率	0.16	0.2	0.24	0.3	0.35	0.4	0.5

注：1hp=0.7457kW。

汽轮机驱动离心泵的一个重要优点是可以采用调速进行流量调节，API 611 标准规定的调速范围为额定转速的85%~105%。

（八）机械密封和冷却方式的选择

为适应长周期生产的需要，所有连续操作的工艺流程泵都应选择机械密封做为轴端密封。根据 API 682 标准，机械密封的代码由 4 部分构成。

密封结构			设计选项			尺寸	方案
类别	布置	类型	辅助密封	垫片	密封面	轴径	冲洗方案
1	1	B/A	P	F	O	050	11/52

各部分代码的解释如下：

（1）位置 1：类别代码（Category），共有 3 类：分别为 1、2、3。

1：应用于非 API 泵；

2：应用于一般炼油厂的 API 泵；

3：应用于极端恶劣条件下的 API 泵，必须进行最严格的测试并提供试验报告。

（2）位置 2：布置方式（Arrangement），共有 3 类，分别为 1、2、3。

1：单端面机械密封；

2：无压双机械密封；

3：有压双机械密封。

（3）位置 3：密封类型（Type），共有 3 类，分别为 A、B、C。对于双密封，可分别规定内侧/外侧密封，例如 C/A。

A：平衡型，弹簧非推进型，弹簧安装在动环；

B：平衡型，波纹管推进型，波纹管安装在动环；

C：平衡型，波纹管推进型，波纹管安装在静环。

A、B 型只能用于 176℃ 以下的工况，其中 B 型较少应用。

（4）位置 4：位于大气侧的泄漏抑制装置，共有 6 类，分别为 P、L、F、C、S、X。

P：密封端盖无节流衬套，一般用于布置方式 2 和布置方式 3；

L：浮动节流衬套，一般用于 1、2、3 类的单密封；

F：固定节流衬套，一般用于 1 类的单密封；

C：带辅助密封，一般用于布置方式（Arrangement）2；

S：带浮动的剖分碳环衬套，用于 1、2、3 类的单密封；

X：其他，由采购方自行规定。

（5）位置 5：辅助密封件材料，共有 6 类，分别为 F、G、H、I、R、X。

F：氟橡胶；

G：PTFE 弹簧圈；

H：丁腈橡胶；

I：全氟醚橡胶；

R：柔性石墨；

X：其他，由采购方自行规定。

（6）位置 6：动静环材料，共有 9 类，分别为 M、N、O、P、Q、R、S、T、X。对于双密封，里侧、外侧密封可以选用不同的材料组合。

M：石墨-镍基碳化钨；

N：石墨-反应烧结碳化硅；

O：反应烧结碳化硅-镍基碳化钨；

P：反应烧结碳化硅-反应烧结碳化硅；

Q：无压烧结碳化硅-无压烧结碳化硅；

R：石墨-无压烧结碳化硅；

S：填充石墨的反应烧结碳化硅-反应烧结碳化硅；

T：填充石墨的无压烧结碳化硅-无压烧结碳化硅；

X：其他，由采购方自行规定。

（7）位置 7：尺寸，是指密封处的轴径，以 mm 为单位圆整为三位数字，例如轴径为 24.9mm，则位置 7 描述为 025。

（8）位置 8：密封冲洗方案（Flush plan），API 682 标准规定的冲洗方案有 Plan01，02，03，11，12，13，14，21，22，23，31，32，41，51，52，53A，53B，53C，54，55，61，62，65A，

65B，66A，66B，71，72，74，75，76。炼油装置中离心泵单密封常用的冲洗方案有：

① 常温介质(<100℃)，Plan 11。

② 中温介质(100~350℃)，Plan 21 或 Plan23。

③ 高温(>350℃)、大黏度介质，如果装置设有封油系统，宜选择 Plan32 的外冲洗方式。如果没有合适的外供密封油，宜选择 Plan 02，同时密封夹套通入冷却介质的方案。

④ 单密封设置的泄漏收集方案 Plan 65。一般只用于非常重要的介质或功能非常重要的泵。

⑤ 密封急冷，Plan 62。用于介质黏稠、易结晶或易结冰的场合，采用蒸汽、水或者氮气作为急冷介质。

对于炼油装置中离心泵用双密封的外侧密封，常用的冲洗方案有：

① 无压双密封，Plan 52；

② 有压双密封，Plan 53A，Plan 53B。

举例说明，如 22C/A-PFQ/O-050-11/52 表示机械密封为 C2 类、无压双密封、里侧波纹管+外侧弹簧型组合密封、密封端盖无节流衬套、氟橡胶密封圈、里侧密封为无压烧结碳化硅-无压烧结碳化硅+外侧为反应烧结碳化硅-镍基碳化钨、轴径 50mm、冲洗方案为 Plan 11+Plan 52。

是否采用双端面机械密封或串联式机械密封，可以参照表 2-9 的原则进行选取。此外，如果泵送温度超出了介质的自燃点，也应选择双机械密封。

炼油装置中离心泵通常配套的机械密封为 1CW-FX(单端面机械密封)、2CW-CW(无压串联机械密封)、3CW-FB(有压串联机械密封)、3CW-BB(有压双端面机械密封)。按照 API 682 标准，机械密封的全部信息应由密封代码和结构代码两部分共同构成，例如 22C/A-PFQ/O-050-11/52 和 2CW-CW。

通常，一些操作温度较高的泵或者配套双机械密封的泵需要通入冷却水，其主要功能有：

表 2-9 双机械密封的选择原则

项　目	含有剧毒（如苯）和腐蚀性（如 H_2S 等）的介质，且浓度小于 10mg/kg	含有剧毒（如苯）和腐蚀性（如 H_2S 等）的介质，且浓度处于 10～1000mg/kg	含有剧毒（如苯）和腐蚀性（如 H_2S 等）的介质，且浓度大于 1000mg/kg
泵送介质在常温或泵送温度下的饱和蒸气压小于当地大气压	单机械密封 1CW-FX 1CW-FL	无压双机械密封 2CW-CW 2CW-CS 2NC-CS	有压双机械密封 3CW-FB 3CW-BB 3CW-FF 3NC-BB 3NC-FF 3NC-FB
泵送介质在常温或泵送温度下的饱和蒸气压超过当地大气压	无压双机械密封	无压双机械密封	有压双机械密封

注：对于有压双机械密封，国内用户习惯于选取背靠背的双端面密封 3CW-BB。

密封结构形式的代码解释见表 2-10。

表 2-10 各种机械密封的结构代码定义

1CW-FX	单端面接触式机械密封，带固定节流衬套
1CW-FL	单端面接触式机械密封，带浮动节流衬套
2CW-CW	无压双机械密封，均为接触式密封
2CW-CS	无压双机械密封，接触式内密封+外侧辅助密封
2NC-CS	无压双机械密封，非接触式内密封+外侧辅助密封
3CW-FB	串联结构的接触式有压机械密封
3CW-BB	背靠背结构的接触式有压机械密封
3CW-FF	面对面结构的接触式有压机械密封
3NC-FB	串联结构的非接触式有压机械密封
3NC-BB	背靠背结构的非接触式有压机械密封
3NC-FF	面对面结构的非接触式有压机械密封

（1）带走轴承运行产生的热量以及泵送介质沿轴的传导热；

（2）降低密封腔的工作温度，改善机械密封的运行环境；

（3）带走密封泄漏出来的少量介质，防止在密封端面产生结晶；

（4）冷却泵支座，防止因热膨胀而引起泵轴和驱动机主轴的不同心；

（5）带走双机械密封泵送环内循环产生的热量。

离心泵中常规的冷却部位见表2-11。

表2-11 离心泵的冷却部位

操作温度	冷却部位
<100℃	无①
100~260℃	轴承②、密封冷却器
>260℃	轴承、泵支座、密封冷却器、密封腔③

① 当泵送介质为水时，由于水在高温下的润滑性非常差，操作温度80℃以上时必须对自冲洗液进行冷却。

② 泵送温度位于100~260℃，可以采用轴端风扇冷却代替循环水来冷却轴承箱；

③ 高温泵的密封腔和密封冲洗液冷却器可以采用低压蒸汽冷却。

（九）选型示例

以常减压装置原油泵进行示例，某厂的原油泵参数 $Q = 875\text{m}^3/\text{h}$，$H = 310\text{m}$，$\rho = 910\text{kg/m}^3$，$NPSH_a = 5.4\text{m}$，$T = 50℃$，原油黏度100mPa·s。根据前面的介绍，可以按如下步骤进行初步选型。

1. 确定转速

先以转速为3000r/min和单吸叶轮进行试算，按照式（2-22）计算其最小汽蚀比转速 $S_{min} = 456$，远远大于推荐值213，因此拟降低转速至1500r/min，同时选择一级叶轮为双吸叶轮，此时其最小汽蚀比转速 $S_{min} = 161$，小于推荐值，可以初步认定1500r/min的转速是合理的。

2. 确定级数

一般双支撑泵在 1500r/min 时所获得的最大单级扬程一般不超过 250m，此原油泵按两级考虑。考虑到操作温度和压力都比较低，可以选择 API 610 泵型 BB1，为水平剖分壳体。两级叶轮，其中首级为双吸。

3. 材料选择

泵送介质为常温原油，没有强腐蚀性，可以选择碳钢材料，API 610 材料等级为 S-5。泵壳和叶轮均为碳钢材质。

4. 计算轴功率，选择电动机

由图 2-10 查得其效率为 $\eta = 0.63$，根据式（2-25）计算其轴功率 $N = 1066kW$，按表 2-7 定义的电机功率安全系数，应选用额定功率为 1200kW 的电动机。需要说明一点，这里的初步选型没有考虑黏度对性能的影响。在详细设计时应参考美国水力学会介绍的方法进行黏度修正，这里不作详细介绍。

5. 估算叶轮直径

可以假定每级叶轮的扬程相等，均为 155m，根据式（2-23）计算出一级叶轮直径约 660mm，二级叶轮直径约 680mm。

6. 选择机械密封

根据机械密封选型导则，拟选择代码为 21A-LFR-11/65 和 1CW-FX 的机械密封，即：二类、多弹簧型、单端面，自冲洗方案 Plan11，并带泄漏收集系统 Plan 65；结构形式为单端面湿式机械密封带固定式节流衬套。

九、特殊泵型

（一）液力透平

根据加氢装置的的流程，高压反应生成油需降压进入低压分离系统。为了回收这部分介质降压产生的能量，高压加氢装置在流程中设置了液力透平，与电动机共同驱动反应进料泵，如图 2-11 的布置图。

液力透平的结构与离心泵没有本质的区别，由主轴、叶轮、壳体等部分构成。液力透平的性能曲线如图 2-12 所示，从图中可以看出，液力透平的扬程曲线与泵正好相反。流量越大，扬程越高，输出功率也越大。计算过程中，可以将液力透平的参数按泵选择，输出功率是介质进出口能量差与效率的乘积。

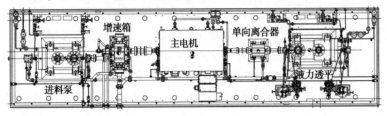

图 2-11 带液力透平的进料泵

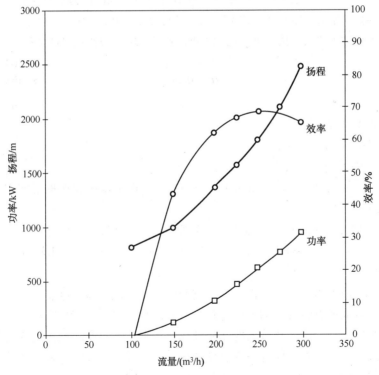

图 2-12 液力透平的性能曲线

液力透平的高效区非常窄，如图 2-12 所示，当流量下降到 100m³/h 时，输出功率和效率均降为 0。因此在工艺设计中，常常将液力透平的进料按装置 85% 负荷操作时的物料考虑，其流程如图 2-13 所示。由控制阀 FY08 控制液力透平恒定的进料。如果装置波动，则由热高分底部的调节阀 LV04 来控制热高分液位，以此保证液力透平流量稳定。所以，液力透平的选型只需要有一个运行点，也是最佳效率点。当液力透平故障停车时，则由另一台角阀 LV05 将热高分油全部泄压至热低分系统。

常规的离心泵做为液力透平使用时，它们的最佳效率值基本相等，偏差值在 ±2% 之内。当离心叶轮做为透平使用时，能吸收的压头要大于作为泵所产生的扬程，输出的轴功率也比作为泵时所吸收的轴功率大。因此透平选型时先根据式(2-26)和式(2-27)将流量和扬程适当放大后按泵进行选型，再由式(2-28)计算出透平的效率。

$$Q_p = Q_t / C_Q \qquad (2-26)$$

$$H_p = H_t / C_H \qquad (2-27)$$

$$\eta_p = \eta_t / C_\eta \qquad (2-28)$$

式中　　Q——流量，m³/s；

　　　　H——扬程，m；

　　　　η——效率；

上面公式中的下标 p 和 t 分别对应于作泵使用和作透平使用时的参数；

C_Q, C_H, C_η——转换系数。当比转速 N_s 为 10~55，C_Q 和 C_H 的取值范围为 2.2~1.1。$C_\eta = 0.92~0.99$。高比转速时 C_Q 和 C_H 取小值，C_η 取大值[10]。

液力透平正常操作的一个重要前提是机械密封的可靠性。对于重油加氢装置中的反应进料泵液力透平，由于操作温度和压力非常高，无法选择普通的波纹管或弹簧密封。介质的操作温度远高于其自燃点，应选择双机械密封，可以考虑波纹管和弹簧密封的组合(23C/A-PRN-090-32/53C)，如图 2-14 所示，里侧波纹管密封承受高温和差压，外侧弹簧密封承受高压。

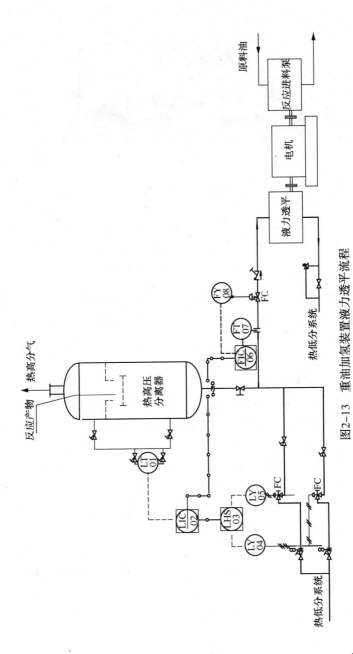

图2-13 重油加氢装置液力透平流程

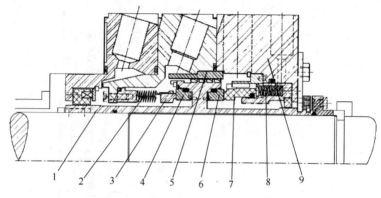

图 2-14 液力透平用机械密封剖面图

1—轴套；2—波纹管；3、7—静环；4、6—动环；
5—泵送环；8—弹簧；9—密封函体

如果是加氢裂化装置、柴油加氢装置的液力透平，由于其操作温度低一些，一般为240℃左右，可以选择背靠背有压弹簧密封(23A/A-PIN-090-32/53B)，其辅助密封必须选用全氟醚橡胶。

(二) 高速泵

高速泵也就是 API 610 中规定的 OH6 泵型，如图 2-15 所示，主要应用于小流量高扬程场合。有立式和卧式两种布置形式，叶轮为全开式，因此可以有较高的线速度，Sundyne 公司的高速泵产品转速超过 24000r/min。叶轮直接安装在增速齿轮箱的输出轴上，减少了联轴器和安装过程中带来的同心度误差。

高速泵的泵壳为一圆形腔体，叶片呈放射状，在壳体环形空间内高速旋转。叶轮与泵壳之间没有口环。由于叶轮为开式，叶轮的轴向力很小。泵的进出口布置在两侧呈直线，方便管道安装。泵壳上开有 1~2 个直径很小的扩散孔，大量介质在泵体内不断高速旋转，只有一小部分通过扩散孔排出，所以高速泵的效率一般都比较低。高速泵在炼油装置中典型的应用是加氢装置的注水泵。

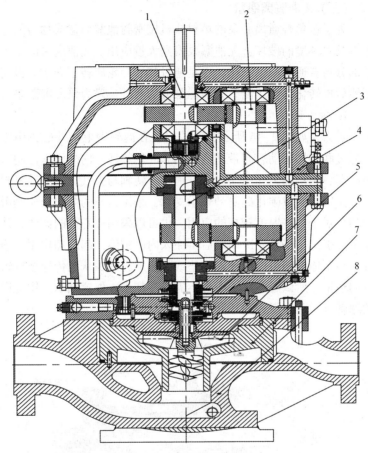

图 2-15　高速泵剖面图

1—齿轮箱低速轴；2—齿轮箱中间轴；3—齿轮箱输出轴；
4—齿轮箱；5—机械密封；6—叶轮；7—扩散器；8—壳体

　　高速泵的转速很高，一般都设有诱导轮，以降低 $NPSH_r$。

　　国内的高速泵制造商较多，如北京航天石化装备公司、温州嘉利特荏原泵业、浙江天德泵业、合肥华升泵阀公司等。北京航天石化装备公司开发的 W7 系列，单级泵的功率已经达到710kW。

（三）无泄漏离心泵

为了避免普通离心泵的填料或机械密封泄漏而造成物料的损失以及对环境的破坏，无泄漏泵得到大量应用。无泄漏泵的水力学部分与普通离心泵一样，也是通过离心叶轮旋转，介质获得速度能后再转化为静压能。无泄漏泵分为两种：磁力泵和屏蔽泵。

1. 磁力泵

磁力泵如图 2-16 所示，叶轮安装在内磁钢上，外磁钢由电机通过联轴器驱动，并带动内磁钢和叶轮旋转。内外磁钢之间有隔离套，用来隔离介质与大气，消除了转轴与大气之间的动密封面。主轴由两只碳化硅滑动轴承支撑，采用自身的泵送介质润滑冷却。对于一些温度较高的应用，也可以采用离心泵的做法，从泵出口引出一路分支冷却之后再注入内磁钢体，起冷却作用。连接体与泵体之间可以设计隔热垫或隔热屏，减少从泵传导至外轴承的热量。所以磁力泵一般都不需要冷却水。外置轴承采用普通的球轴承，脂润滑或油环润滑。

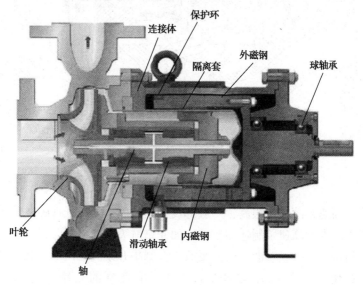

图 2-16　磁力泵剖面图

由于泵的内、外磁钢之间有隔离套，磁力传动的电涡流在隔离套上会产生大量的热，因此传动效率比较低，传递大功率时，磁钢体很大，损失更大。磁力泵一般应用于 110kW 以下的场合。常见的磁力泵监测措施有：

（1）监测隔离套的温度；

（2）监测电机电流。流量过低，说明进入泵腔液体减少，对内置滑动轴承不利。流量过大，说明需要传递的功率越大，发热量越大；

（3）泵入口液位监测，防止泵抽空。

所有磁体都有一个最高使用温度，超过这个温度点，磁体将不可逆地失去磁性，即使恢复至冷态也不能重新获得磁性。因此，磁力泵的应用环境受温度的限制，常用的钐钴合金磁性材料，使用范围不应超过 350℃。

另外，磁力泵的隔离套起导磁的作用，其壁厚受到结构上的限制，所以其承受介质压力不能太高，所以磁力泵常应用于低压环境。

2. 屏蔽泵

如图 2-17 所示，屏蔽泵的泵与电机组合为一体，即机电一体化结构，没有轴封和联轴器。泵的叶轮直接安装电机转子上，转子与叶轮封装在屏蔽套内。电机定子位于屏蔽套外，屏蔽套被定子在外部加强，因此屏蔽泵可以应用到很高压力的场合。另外，如果屏蔽套破损后，电机外壳可以作为第二道保护，泵送介质不会泄漏到大气环境。

常温运行的屏蔽泵的介质流向如图中的箭头，如果泵送介质温度很高，可以在转子与泵腔之间设计一只单独的辅助叶轮，将循环在电机腔之间的液体送出腔体外进行冷却后再注回电机，此外，输送腐蚀性强或者带有颗粒介质的屏蔽泵，在电机尾端设计一台计量泵，将清洁介质注入电机腔。如图 2-18 所示，是应用于柴油连续液相加氢装置的循环泵，其操作温度为 385℃，入口压力（表）为 9.8MPa，介质为溶解了大量的硫化氢和氢气的柴

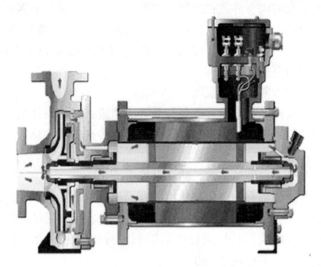

图 2-17　屏蔽泵剖面图

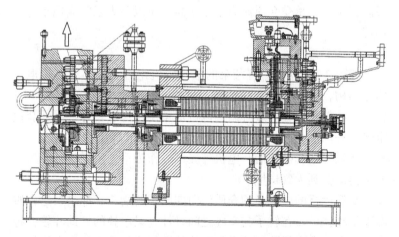

图 2-18　柴油连续液相加氢装置的循环泵剖面图

油，扬程约 100m。由于其入口压力和温度都非常高，如选择普通离心泵，无法找到轴端密封的解决方案，因此屏蔽泵成为此类泵的首选。由于泵送为高温并含有腐蚀性，在泵的电机侧设置一台计量泵，以防止泵送介质串入电机腔。在电机和主叶轮之间设有一台辅助叶轮，以提高流过电机腔的循环量，达到充分冷却电机的目的。

磁力泵和屏蔽泵均为无泄漏泵，但两者之间仍有显著的区别，对比见表2-12。

表 2-12　磁力泵与屏蔽泵的比较

项　目	磁力泵	屏蔽泵
安全性	隔离套破坏后，介质直接漏向大气	屏蔽套破损后，外壳作为第二道屏障，阻止介质外漏
驱动机	普通电动机或汽轮机	专用屏蔽电动机
使用范围功率/压力/温度	185kW/4.0MPa/260℃	450kW/40.0MPa（表）/450℃
是否适合含颗粒介质	否	增加外部冲洗可以应用于含颗粒介质
是否适合于强腐蚀介质	可以	否
制造技术	简易	较高
轴向长度	较长	较短
维护	简单	复杂，需专门的工具和人员
效率	较低	较高
价格	较低	较高

十、离心泵的检验与试验

相关的国家标准和 API 610 对离心泵的检验与试验作了非常详细的规定，通常包括以下几个方面。

（一）无损检测
至少下列主要部件需要做无损检测。

（1）壳体，叶轮和端盖螺栓：磁粉或着色；

（2）主轴：超声波；

（3）焊接壳体：着色。对接焊缝必须进行射线探伤。

上述检验方法和验收标准按相关国家标准执行。

（二）水压试验

应对壳体、轴承冷却室、辅助管道等承压部件进行水压试验，水压试验采用常温洁净水进行，在保压 30min 内不得有漏水和冒汗现象。试验压力通常为设计压力的 1.5 倍，且表压不小于 0.8MPa。

（三）机械运转试验

机械运转试验过程中应重点监测以下指标。

1. 轴承温度

对于强制润滑轴承，润滑油回油温度不得超过 70℃，对于油环润滑或飞溅润滑的轴承，油池温度不得超过 82℃。

2. 振动

卧式悬臂泵（OH 型）和双支撑泵（BB 型）的振动，轴承箱的最大振动的允许值按表 2-13，立式泵（VS 型）的振动极限按表 2-14。

表 2-13　卧式离心泵的振动极限

项　　目	振动测量位置	
	轴承箱	泵轴（靠近轴承）
	所有轴承形式	滑动轴承
在优先工作区	转速小于 3600r/min 和单级轴功率小于 300kW，未滤波的振动速度 V_u < 3.0mm/s。对于大于 3600 r/min 或单级轴功率大于 300kW，振动速度按图 2-19 选取	振幅 A_u < $(5.2×10^6/n)^{0.5}$ μm（峰峰值）且 A_u 不得超过 50μm 式中　n——运行转速 r/min
优先工作区外允许的振动增量	30%	30%

表 2-14　立式离心泵的振动极限

项　目	振动测量位置	
	轴承箱或电机安装法兰	泵轴(靠近轴承)
	所有轴承形式	滑动轴承
在优先工作区	$V_u < 3.0\text{mm/s}$	振幅 $A_u < (6.2 \times 10^6/n)^{0.5}$ μm(峰峰值)且振幅 A_u 不得超过 100μm　式中　n——运行转速,r/min
优先工作区外允许的振动增量	30%	30%

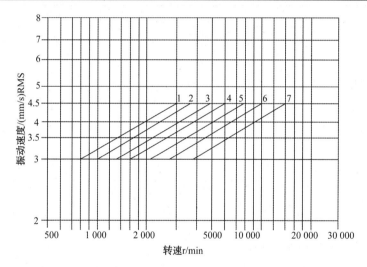

图 2-19　转速超过 3600r/min 或单级功率超过 300kW 卧式泵的振动极限

1—$P \geqslant 3000\text{kW/级}$；2—$P = 2000\text{kW/级}$；3—$P = 1500\text{kW/级}$；
4—$P = 1000\text{kW/级}$；5—$P = 700\text{kW/级}$；6—$P = 500\text{kW/级}$；7—$P \leqslant 300\text{kW/级}$

3. 机械密封泄漏

API 682 标准规定了单台机械密封允许的最大平均泄漏量是 5.6g/h(约 2 滴/min)。

(四) 性能试验

离心泵性能试验至少应记录 5 个工作点的流量、扬程、功率和振动等测试数据，各测试点可以由以下工作点构成。测试结果的允许偏差按表 2-15 计算。

（1）关闭点；

（2）最小连续稳定流量点；

（3）95% 和 99% 额定流量之间的某一点；

（4）额定点和 105% 额定流量之间的某一点；

（5）最佳效率点；

（6）允许操作的最大流量点。

表 2-15　性能试验允许偏差

项　　目		额定点	关死点
额定点扬程	0~75m	-3	$+10$
		$+3$	-10[①]
	75~300m	-3	$+8$
		$+3$	-8[①]
	>300m	-3	$+5$
		$+3$	-5[①]
额定功率		$+4$[②]	
额定点 $NPSH_r$		0	

① 如果规定流程扬程曲线是上升型，只有当试验曲线仍然呈上升特性时，才允许使用表中的规定值。

② 在上述任意组合下均为此值。

（五）NPSH 试验

一般来讲，把扬程下降 3% 作为发生汽蚀的判定条件。对于两级或多级泵，只要有可能，都应当从第一级排出口单独引出一个接口用于压力测量，如果这样做不到，可以考虑 NPSH 试验时只测试第一级。额定点的必需汽蚀余量不得超过报价中给出的数值。

第二节　往复泵

往复泵由液力端和动力端组成，与往复压缩机的工作原理类似。液力端将能量传递给输送的介质，有柱塞、进排出阀、液缸等主要部件；动力端把驱动机的能量传递给液力端，有曲轴、连杆、机身等主要部件。

一、柱塞泵

柱塞泵结构如图 2-20 所示，曲柄以一定的速度逆时针旋转，活塞向右移动，液缸内的容积增大，压力减低，吸入液体。当曲柄转过 180°，活塞向左移动，将液体推出液缸。如果活塞的两侧都是工作腔，称为双作用往复泵。常用的往复泵是单作用柱塞泵，活塞杆与液缸直径相等，如果流量较大，可以选择多头泵。其流量 Q 按式（2-29）计算。

$$Q = 60iFSn\eta_v \qquad (2-29)$$

式中　　Q——流量，m^3/h；

i——柱塞数量；

F——柱塞面积，m^2；

S——行程，m；

n——转速，r/min；

η_v——容积系数。

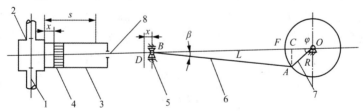

图 2-20　往复泵示意图

1—吸入阀；2—排出阀；3—液缸；4—活塞；
5—十字头；6—连杆；7—曲轴；8—填料

炼油装置中典型的柱塞泵应用是高压加氢装置的注水泵。煤液化装置的煤浆进料泵的介质中煤粉含量为 50%，颗粒度为 0.1mm，压力高于 20MPa，也选择柱塞泵，其填料部分设置了冲洗油、密封油和润滑油系统，以防止颗粒对填料的磨蚀。API 674 对柱塞速度做了明确规定，见表 2-16。

表 2-16　连续运行往复泵的最大允许速度

冲程/mm	最大的旋转速度/(r/min)	
	柱塞泵	双作用往复泵
50	450	140
75	400	127
100	350	116
125	310	108
150	270	100
175	240	94
200	210	88
250	168	83
300	140	78
350	120	74
400	105	70

　　柱塞泵和所有的容积泵一样，其流量取决于液缸的几何尺寸和往复次数，与排出压力无关，因此不能靠出口节流的方式来调节流量，可以采取变转速或者旁路回流的方式进行调节。柱塞泵有着往复压缩机类似的问题，介质的不均匀流动容易导致管道振动，应根据 API 674 的两种设计方法进行脉动计算，进出口管道的允许的脉动峰峰值按式(2-30)计算，应校核入口管道的脉动不应导致汽蚀，出口管道的脉动不至于引起安全阀的起跳。

$$P_1 = \frac{3500}{(ID \cdot f)^{0.5}} \qquad (2-30)$$

式中　　P_1——管道脉动峰峰值，kPa；

　　　　ID——管道内径，mm；

　　　　f——脉动频率，Hz。

$$f = i \cdot \frac{n}{60} \qquad (2-31)$$

式中　　n——泵运行转速，r/min；

　　　　i——倍频数，1，2，3，…。

二、计量泵

在往复泵的基础上增加调节装置、以及液力端的隔膜及相关系统，可以得到往复式计量泵，应用标准为 API 675。计量泵有柱塞式和隔膜式两种：柱塞式计量泵可输送不含固体颗粒的各种液体；隔膜式计量泵适宜输送易燃、易爆、剧毒、贵重的液体和含有固体颗粒的液体。计量泵在炼厂常用的功能是向装置定量输送化学药剂。与普通往复泵相同，计量泵的结构分为液力端（如图 2-21 所示）和动力端（如图 2-22 所示）两大部分。

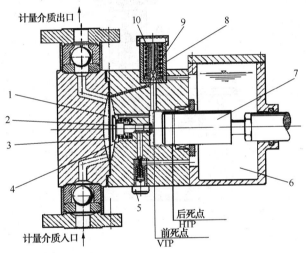

图 2-21　计量泵液力端剖面图

1—输送腔；2—控制阀；3—膜片；4—储油腔；5—补油阀；

6—储油腔；7—柱塞；8—组合阀；9—排气阀；10—压力限制阀

（一）液力端结构和运行原理

如图 2-21 所示，隔膜泵头被划分成 3 个工作腔：与输送的介质相接触的输送腔（1）、液压腔（4）及储油腔（6）。输送腔（1）与液压腔（4）被膜片（3）隔开，这意味着输送腔（1）与外界环境是完全隔离的。在液压腔（4）和储油腔（6）之间由柱塞（7）、组合阀（8）（包括压力限制阀和排气阀）、补油阀（5）及控制阀（2）

隔开。这些阀门的作用是精确控制膜片(3)的位移及保护计量泵避免过载误操作。柱塞(7)的往复运动经由液压腔(4)内的液压油将容积变化传递到膜片(3)。由这个隔膜直接作用于输送介质，从而形成了输送过程。

（二）动力端结构和运行原理

图2-22是国内常见的一种动力端结构，主要由蜗杆(2)、蜗轮(9)、空心轴(5)、偏心块(6)、连杆(7)、十字头(1)及手动行程调节机构组成。

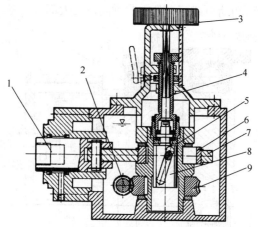

图2-22　计量泵动力端剖面图

1—十字头；2—蜗杆；3—调节手轮；4—调节丝杠；
5—空心轴；6—偏心块；7—连杆；8—斜槽轴；9—蜗轮

动力端是利用曲柄连杆原理，蜗杆(2)与电机轴相连，旋转运动通过蜗轮(9)空心轴(5)传递给偏心块(6)。后者通过连杆(7)作用在十字头(1)上。柱塞行程长度通过旋转手轮(3)进行调节，调节丝杠(4)和斜槽轴(8)沿轴向运动。这个位移再由穿过斜槽轴(8)的斜槽销钉，造成偏心块(6)径向位移，形成偏心。

各家制造厂的液力端结构基本相似，但在传动端的行程调节上略有不同。例如偏心轴、凸轮机构等，这里不再详细描述。

根据 API 675，计量泵的性能有如下要求。

142

（1）稳定状态下输送流量的精确性位于±1%之内；

（2）流量的可重复性位于±3%之内；

（3）线性度偏离不超过±3%。

三、往复泵的材料选择

往复泵在炼油装置主要应用于注水泵以及化学药剂的注入等，其液力端的材料比较单一，可以按表 2-17 选择。动力端与往复压缩机类似，则往往选择铸铁机身、锻钢曲轴和连杆、铸钢的十字头等。

表 2-17　往复泵的材料

输送介质	往复泵部件			
	泵头	隔膜①	柱塞	阀
硫化剂、缓蚀剂全氯乙烯、水等	300SS	PTFE	SS	陶瓷、SS
碱液	碳钢	PTFE	SS	陶瓷、SS

① 对于一些小流量的计量泵或者超高压的应用场合，宜选用 316SS 隔膜。

第三节　螺杆泵

螺杆泵主要有单螺杆泵、双螺杆泵和三螺杆泵，其结构分别如图 2-23、图 2-24、图 2-25 所示。也有五螺杆泵，但很少应用。

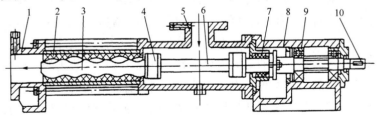

图 2-23　单螺杆泵剖面图

1—压出管；2—衬套；3—螺杆；4—万向联轴节；5—吸入管；

6—传动端；7—轴封；8—托架；9—轴承；10—泵轴

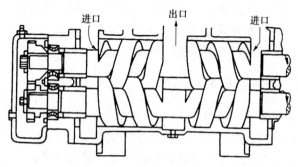

图 2-24 双螺杆泵剖面图

单螺杆泵工作时，液体吸入螺杆与衬套之间的空腔，随着螺杆的转动，被螺杆挤出。螺杆的轴向力通过万向联轴节由轴承承受，轴封可以采用填料和机械密封。单螺杆常常应用于黏度非常大(高达 $1×10^7 mm^2/s$)的流体，如污泥输送等。螺杆材料为结构钢或不锈钢(20Cr13、07Cr19Ni11Ti 等)。定子衬套为非金属材料，如丁晴橡胶、氯丁橡胶、乙丙橡胶、氟橡胶等，所以不能运用到低温和高温环境。

双螺杆泵是通过转向相反的两根带有左右螺纹的螺杆转动来输送介质，图 2-24 所示，由于采用两端吸入的双吸式结构，螺杆两端处于同一压力下，轴向力可自动平衡。液体由两侧吸入，进到螺杆与壳体之间的空腔，随着螺杆的转动，由中间的排出口排出。螺杆由同步齿轮驱动，螺杆之间没有接触，介质中的杂质不会对螺杆产生磨损，可以应用到高黏度(高达 $1×10^5 mm^2/s$)和高温($280℃$)的场合。炼油厂主要在罐区运用，如沥青输送泵、常减压进料泵、重油加氢进料泵等。双螺杆泵的同步齿轮可以有内装式和外装式两种，内装式常应用到具有润滑性的介质。

三螺杆泵的主螺杆是传动元件，两只从动螺杆起密封作用，螺杆转子之间完全靠输送的液体来传递动力，如图 2-25 所示。因此只能应用于具有润滑性的介质，最常见的稀油站的润滑油泵。

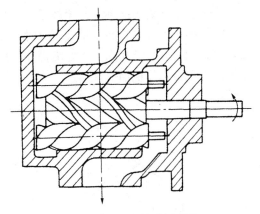

图 2-25　三螺杆泵剖面图

　　螺杆泵属于容积式回转泵，其流量调节只能采用变转速或旁路回流的方式，因而在工艺装置中较少采用。国内螺杆泵制造商有天津泵业集团、新德工业泵公司和黄山工业泵公司等。

第四节　真空泵

　　真空泵是根据一定的原理来产生、改善和维持真空环境的设备。在炼油装置中，减压装置、芳烃抽提、变压吸附等均要使用到真空泵。常用的机械真空泵有液环式真空泵和干式真空泵。

一、液环式真空泵和液环式压缩机

　　液环式真空泵工作原理如图 2-26 所示，叶轮(3)偏心地安装在泵体(2)中，启动前，必须向泵内注入一定高度的液体(一般使用水为注入液体)，当叶轮沿顺时针旋转时，水受离心力的作用抛向泵壳，在泵体内壁形成一个旋转水环(5)，水环上部内表面与轮毂相切沿顺时针方向旋转，在前半转过程中，水环内表面与轮毂脱离，因此在叶轮叶片间与水环形成封闭空腔，随着叶轮的旋转，该空间逐渐扩大，空腔的气体压力降低，气体被吸入，在后半转过程中，水环内表面逐渐与轮毂靠近，叶片间的空间逐渐缩小，空腔气体压力升高，高于排气压力时，叶片间的气体被排出。叶轮每转动一周，叶片间的空腔吸排气一次，许多叶片的连续工作使得真空泵不停地抽送气体。

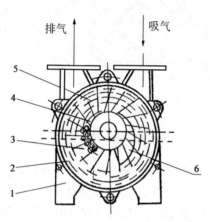

图 2-26　液环式真空泵工作原理图

1—端盖；2—泵体；3—叶轮；4—排气孔；5—水环；6—吸气孔

　　由于工作过程中，水环在泵腔内不停的循环会产生大量的热量，同时气体也要带走一定的液体，因此需要不停地补入新鲜液体，对泵腔内的液体进行置换冷却。由于水会蒸发成水蒸气，随着真空度的降低，水的挥发量越来越大，泵内水的蒸发量占据了大量的有效抽吸容积，导致泵的抽气能力下降。水环式真空泵的极限真空就是水的饱和蒸汽压，不过，此时水已在泵内沸腾，无法从外界抽气。如果需要更低的真空环境，需要将真空泵和蒸汽喷射器串联起来，真空泵抽吸的气体经喷射器的喷嘴形成高速气流。由于气体的黏滞作用，将系统中的气体带走，形成真空。此时真空泵并非对系统作直接抽吸，只是为喷射器提供动力气源，这种组合排除了水环真空泵直接在较高真空工作时，水的饱和蒸汽压对其实际抽吸能力的影响。一般的讲，如果系统需求的真空（绝）为 6kPa 以下，则需要串联蒸汽喷射器和水环真空泵。

常规的液环真空泵是指泵的入口为真空状态，出口为常压。此类液环泵如果应用到入口为正压状态的场合，则称为液环压缩机，主要应用于到化工气体的输送。炼油装置的应用场合一般是入口为真空状态、出口略高于大气压，介于真空泵和液环压缩机之间，常常按撬装的真空泵系统成套供货，泵出口设气液分离器，分离出的液体经冷却后回用，经排气压力压送回泵体作为注入液体。典型的流程如图 2-27 所示。

减压装置的气体有极强的腐蚀性，所以该真空泵一般选择全不锈钢材质。轴端密封选用有压双端面机械密封。

炼厂使用的液环真空泵流量很大，佶缔纳士、佛山水泵厂、武汉水泵厂均有相应的产品。

二、干式真空泵

干式真空泵是有别于液环真空泵的一种类型，常用的有螺杆式和爪式真空泵两种，其壳体内不需要喷入水或其他的密封液体，真空度不受这些液体饱和蒸汽压的影响，极限真空（绝）可达 5Pa。且介质不会被污染，因此干式真空泵广泛应用于半导体和制药行业，在炼油装置中应用于芳烃抽提装置和生物柴油装置。

（一）螺杆式真空泵

螺杆式真空泵的工作原理和螺杆式压缩机相似，螺杆转子副不接触，由同步齿轮传动。气体进入螺杆转子后，随着螺杆的转动沿轴向推进，容积变小压力得到提升。螺杆真空泵都采用了变螺距设计，如图 2-28 所示，前面几节是压缩段，后面几节是密封段，密封段的气体没有压缩。因此在排气段没有普通双螺杆压缩机的端座，不需要设计特殊的排气孔口。

螺杆式真空泵的进气端为负压，一般采用迷宫密封。排气段压力相对较高，采用机械密封和氮气吹扫密封的组合结构。为避免空气漏入泵腔发生事故，干式真空泵的进出口都设置阻火器。

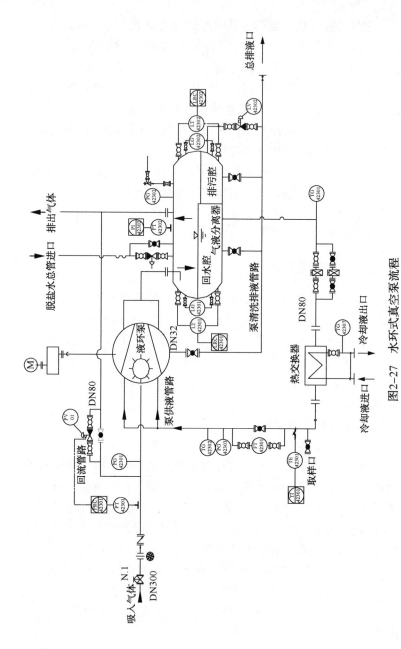

图2-27 水环式真空泵流程

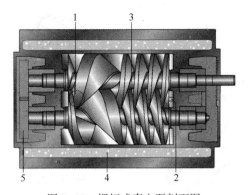

图 2-28　螺杆式真空泵剖面图

1—吸气口；2—排气口；3—螺杆转子；4—冷却夹套；5—同步齿轮

（二）爪式真空泵

螺杆式真空泵泵应用的气量较大，一般为 $2000m^3/h$ 以上，如果气量较小，可以选择爪式真空泵，其工作原理与螺杆式类似，转子类似于棘爪而称为爪式真空泵，如图 2-29 所示，由同步齿轮驱动。随着棘爪的旋转，在爪子之间的空腔产生吸气、闭合、压缩和排出，如图 2-30 的 1-2-3-4-5-6-7-8 的连续过程。多级爪式结构中的气体流向如图 2-31 所示。

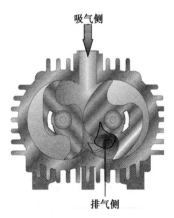

图 2-29　爪式真空泵剖面

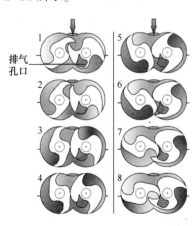

图 2-30　爪式真空泵的工作原理

149

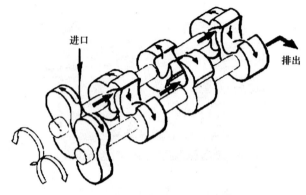

进口

排出

图 2-31　三级爪式真空泵的气体流向图

爪式真空泵的气量相对较小，如果需要更大的流量，常常在泵入口串联一台罗茨增压器。

第五节　主要炼油装置中的关键机泵

一、常减压装置

常减压缩装置中的关键泵有闪底泵、常底泵和减压渣油泵。这三类泵的共同特点是温度高，操作温度均超出了介质的自燃点，一旦泄漏易引发火灾事故；$NPSH_a$ 低，泵在操作过程中极易发生汽蚀。如表 2-18 所示为 1 套 5Mt/a 常减压装置关键泵的数据。

表 2-18　常减压装置关键泵的典型参数和选型

设备名称	闪底泵 P-230AB	常底泵 P-330AB	减压渣油泵 P-430AB
正常流量/(m³/h)	680	481	211
额定流量/(m³/h)	816	578	296
温度/℃	220	360	360
入口压力(表)/MPa	0.06	0.177	-0.102

设备名称	闪底泵 P-230AB	常底泵 P-330AB	减压渣油泵 P-430AB
密度/(kg/m³)	775	751	842
扬程/m	177	163	208
$NPSH_a$/m	5	5	6
选型	BB2, 1级径向剖分双支撑, 双吸单级叶轮	BB2, 2级径向剖分双支撑, 双吸两级叶轮	BB2, 1级径向剖分双支撑, 双吸单级叶轮
转速/(r/min)	1500	1500	3000
材质	C-6叶轮、壳体均为12% Cr	C-6叶轮、壳体均为12% Cr	C-6叶轮、壳体均为12% Cr
机械密封	23C-PRR-23/53A波纹管有压双封外冲洗	23C-PRR-23/53A波纹管有压双封外冲洗	23C-PRR-23/53A波纹管有压双封外冲洗

二、加氢装置

加氢装置的关键泵有进料泵(含液力透平)、注水泵和贫胺液泵。它们的共同特点是扬程极高,需要选择多级离心泵。液力透平出口压力为2.5MPa左右,密封腔压力非常高,其机械密封的选型需重点考虑波纹管的承压。为了提高机械密封的寿命,进料泵和液力透平都设计了外冲洗。表2-19所示为1套2Mt/a重油加氢装置关键泵的数据。

表2-19　重油加氢装置关键泵的典型参数和选型

设备名称	进料泵 P-102AB	进料泵液力透平 HT-102A	注水泵 P-103AB	贫胺液泵 P-104AB
正常流量/(m³/h)	295	270	46	110
额定流量/(m³/h)	332	320	51	125
温度/℃	270	360	40	54
入口压力(表)/MPa	0.4	17.4	2.25	0.4

设备名称	进料泵 P-102AB	进料泵液力透平 HT-102A	注水泵 P-103AB	贫胺液泵 P-104AB
密度/（kg/m³）	818	723	978	993
扬程/m	2432	2060	1600	1757
$NPSH_a$/m	15		8	8
选型	BB5，10 级 双壳体多级	BB5，11 级双 壳体多级	BB5，12 级 双壳体多级	BB5，11 级 双壳体多级
转速/（r/min）	5025	3000	3000	3000
材质	S-6 壳体碳 钢，叶轮 12%Cr	C-6 壳体叶轮 均为 12%Cr	S-6 壳体碳 钢，叶轮 12%Cr	S-8 壳体碳 钢，叶轮奥氏 体 SS
机械密封	22C-PRR- 32/52 波纹管 无压双封	23C/A-SRR- 32/53A 有压双 封，活塞式蓄能 器，里侧波纹 管，外侧弹簧式	23A-PRF- 11/53B 弹簧式 有压双封	23A-PRF- 11/53B 弹簧 式有压双封

如果注水泵的流量小一些，不适合选择多级离心泵，可以选择双级高速离心泵或者多柱塞往复泵。

三、芳烃联合装置

芳烃联合装置由抽提蒸馏、歧化、苯-甲苯分馏、二甲苯分馏、吸附分离和异构化等六个装置组成，比较关键的泵有吸附塔循环泵 P-601ABC、二甲苯塔底泵 P-803ABC 和二甲苯塔顶泵 P-804AB。表 2-20 是 1 套 600kt/a 芳烃联合装置的关键泵数据。

表 2-20　芳烃联合装置关键泵的典型参数和选型

设备名称	吸附塔循环泵 P-601ABC	二甲苯塔底泵 P-803ABC	二甲苯塔顶泵 P-804AB
数量/台	3（2 操 1 备）	3（2 操 1 备）	2（1 操 1 备）
正常流量/（m³/h）	2659	3159	1504

设备名称	吸附塔循环泵 P-601ABC	二甲苯塔底泵 P-803ABC	二甲苯塔顶泵 P-804AB
额定流量/(m^3/h)	3190	3538	1880
温度/℃	177	330	277
入口压力(表)/MPa	0.8	1.89	1.64
密度/(kg/m^3)	722	527	578
扬程/m	170	165	156
$NPSH_a$/m	8	8.6	8.8
选型	BB2,1级径向剖分双支撑、双吸单级	BB2,1级径向剖分双支撑、双吸单级	BB2,1级径向剖分双支撑、双吸单级
转速/(r/min)	1500	1500	1500
材质	S-6壳体碳钢、叶轮12%Cr	C-6壳体叶轮均为12%Cr	C-6壳体叶轮均为12%Cr
机械密封	22C-PRR-23/52波纹管无压双封	22C-PRR-23/52波纹管无压双封	22C-PRR-23/52波纹管无压双封

这些泵的共同点是流量极大,而 $NPSH_a$ 较小,需选择低转速泵,导致叶轮和主轴直径大,机械密封直径相应增大,若选择波纹管密封,可能会出现波纹管密封无法满足密封腔的承压,此时需选择组合式有压机械密封,和重油加氢液力透平机械密封相似,采用活塞式蓄能器(对应 API 的密封代码为 Plan 53C),里侧为波纹管密封,外侧为弹簧密封。

四、催化裂化装置

催化裂化装置中的关键泵是油浆泵和循环热水泵。油浆泵的特点是流量大、温度高、介质含有催化剂颗粒,应选择耐磨蚀的带衬里离心泵。油浆泵若选择高铬铸铁,其脆性较高,机械密封外冲洗液的温度不能太低,否则极易引起泵体的脆裂。油浆泵也可以选择12%Cr的内壳体,外壳体采用碳钢,以此降低冲洗液温度低带来壳体脆裂的风险，由于12%Cr材质的耐磨性低于高铬铸铁，操作过程中应重点关注内壳体的磨损情况。

催化裂化装置和重整装置中的循环热水泵特点相似，均为流量大、入口压力高，汽蚀条件苛刻。为了降低正常操作条件下的轴向力，叶轮往往不设平衡孔。而在工厂试车和现场水联运阶段，由于入口压力很低，泵的轴向力将超出正常条件下的数倍，因此需加大推力轴承泵的设计载荷或者额外增加一个反向的推力轴承。另外机械密封腔压力高达4.5MPa，尽管其操作温度为256℃，却只能选择弹簧式机械密封。如表2-21是1套2Mt/a催化裂化装置关键泵的数据。

表2-21　催化装置关键泵的典型参数和选型

设备名称	油浆泵 P-210AB	循环热水泵 P-101ABC
数量/台	2（1操1备）	3（2操1备）
正常流量/（m³/h）	926	1150
额定流量/（m³/h）	1223	1322
温度/℃	330	256
入口压力（表）/MPa	0.288	4.558
密度/（kg/m³）	865	792
扬程/m	127	70
$NPSH_a$/m	8	8
选型	OH2，单级悬臂泵带衬里	OH2，单级悬臂泵
转速/（r/min）	1500	1500
材质	高铬铸铁	C-6，壳体叶轮均为12%Cr
机械密封	23C-PRR-32/53B 波纹管有压双封，外冲洗	21A-PRF-23 弹簧式单机械密封

五、延迟焦化装置

延迟焦化装置中的关键泵有辐射进料泵和切焦水泵。辐射进料泵是将加热炉进料缓冲罐中的原料油送至加热炉快速升温，特点是温度高，一旦泄漏，往往带来火灾事故。另外，介质腐蚀性强，尤其是原油直接焦化的装置，介质的酸值很高，泵的选材应同时考虑耐腐蚀和耐高温的要求。

切焦水泵的特点是流量大，扬程极高，是炼油装置中扬程最高的泵，介质含有焦粉。且为间断运行，频繁启动，基本上每天需要启动一次。如表 2-22 所示为 1 套 1.6Mt/a 延迟焦化装置的关键泵数据。

表 2-22　焦化装置关键泵的典型参数和选型

设备名称	辐射进料泵 P-102AB	切焦水泵 P-150AB
数量/台	2（1操1备）	2（1操1备）
正常流量/(m³/h)	224	291
额定流量/(m³/h)	300	320
温度/℃	294～365	45
入口压力(表)/MPa	0.17	0.04
密度/(kg/m³)	892	998
扬程/m	380	3400
$NPSH_a$/m	5.4	12
选型	BB5，4级 双壳体多级	BB5，10级 双壳体多级
转速/(r/min)	3000	5000
材质	C-6 壳体叶轮均为12%Cr	S-6 壳体碳钢、叶轮12%Cr
机械密封	23C-PRR-32/53B 波纹管有压双封，外冲洗	21A-PRF-32 弹簧式单机械密封，外冲洗

第三章 硫黄成型机

国内早期炼厂硫黄回收装置的规模较小，为几kt/a至几十kt/a。进入21世纪，随着千万吨级炼厂的不断诞生，硫黄回收装置的规模提高到100kt/a至200kt/a，目前国内最大的硫黄回收装置达到了2.4Mt/a的处理量。国内小规模硫黄成型装置主要采用钢带造粒机或钢带结片机，国外大规模成型装置一般采用滚筒造粒机、钢带成型机或者湿法成型机。

第一节 硫黄成型机工作原理

下面分别介绍三种常用硫黄成型机的工作原理和设备组成。由于钢带结片机后续需要设置破碎机，会产生大量粉尘，且成品无法进行精确计量，已很少使用。

一、滚筒造粒

滚筒造粒机采用颗粒尺寸放大原理，将熔融的硫黄层层冷却成型为密实的球状固体颗粒。设备主要由成型滚筒、筛分输送、废气处理和粉硫再熔四部分组成。工作时，液硫从成型机滚筒内一排喷嘴不断喷出，小的硫黄颗粒随着滚筒的旋转从上面落下，被喷裹上一层液硫。同时滚筒内的另一排喷嘴不断喷出冷却水，水滴吸热汽化而将液态硫黄的热量吸附出来，于是被涂裹的液硫冷却凝固，小的硫黄粒子体积变大，完成一次涂裹、结合、冷却、长大的过程。如此反复，最终成型的硫黄颗粒从滚筒的出口落到输送带上，送至振动筛进行筛分，不够尺寸的颗粒被分离出来，通过输送带返回成型滚筒中作为种粒再次成型，满足尺寸要求的颗粒从振动筛上落下送出成型机。成型时滚筒中产生的废气由排风系统抽出，经过除尘器将附带的硫黄粉尘用水洗去，满足排放标准的废气排到大气中。水洗下来的硫黄粉尘进入再熔罐熔化，然后由泵送回液硫池作为原料再次使用。图 3-1 是滚筒造粒成型机示意图，其处理能力为 50t/h。另外还有处理量为 25t/h 的机型，采用立式布置，取消了带式输送机，占地面积更小。

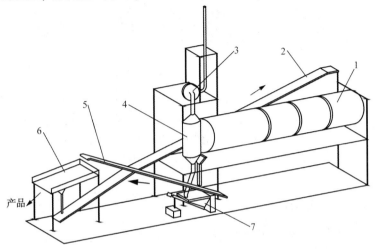

图 3-1　滚筒造粒成型机示意图
1—成型滚筒；2—输送带；3—风机；4—除尘器；
5—输送带；6—振动筛；7—粉硫再熔

二、钢带成型

钢带成型机的处理量为 5t/h 和 15t/h 两种，其工作原理相同，采用液硫与水间接换热的冷却成型方法。液硫进入成型机，从成型头上打孔的钢带连续滴落到运动中的下钢带表面。下钢带背面喷淋有冷却水，不断地将液硫释放的热量带走，从而使液硫颗粒固化。冷却水靠自重流到回水池，再由泵送到循环水场冷却。在成型机的末端，颗粒由下料刮刀刮下，进入成型机下游设备。为避免刮料时硫黄颗粒破损，使用脱膜剂帮助顺利卸料，脱膜剂涂抹滚轮安装在钢带进料端的轮毂下方，将脱膜剂均匀地涂抹到钢带表面。成型机的排风系统采用风扇对成型过程中造粒头和冷却钢带上产生的少量废气进行收集，排放出成型机厂房。图 3-2 是钢带成型机示意图，其处理能力为 5t/h。

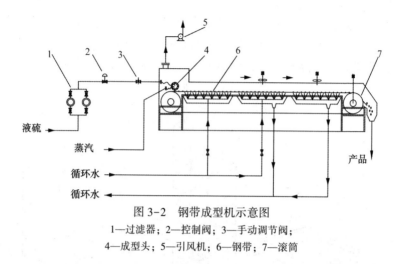

图 3-2　钢带成型机示意图

1—过滤器；2—控制阀；3—手动调节阀；
4—成型头；5—引风机；6—钢带；7—滚筒

三、湿法成型

　　湿法成型机采用液硫直接与水接换热的方法，使液硫珠滴落在水中快速冷却成型。液硫由泵送到成型罐上部的两个分配盘，均匀地分散流入两个成型盘，成型盘由支撑盘支撑。成型盘上设有若干个孔眼，盘上的液硫通过孔眼连续滴入成型罐下面的水中。液硫的表面张力使液硫形成小滴珠，在水中滴珠表面很快冷却固化，内部相对缓慢冷却、收缩，并最终在颗粒表面形成小凹坑。颗粒硫黄在下落过程中逐渐全部固化，并沉积在成型罐的锥形底部。当硫黄积攒到一定高度时，成型罐底部的阀门打开，硫颗粒和水一同落到振动筛上。经过两级振动筛进行脱水和筛分作业后，尺寸合格的颗粒落到传送带上送出成型机。振动筛分离出的水和小颗粒落到水槽中，再经泵送到水力旋流分离器，将小颗粒从水中分离出来。净化后的水由冷却塔冷却到工艺所需温度后，再泵送回到成型罐中作为冷却水循环使用。分离出的小颗粒硫黄经螺旋输送器进一步脱水后，落入再熔罐熔化成液态硫黄，然后由泵送到液硫池作为原料再次使用。成型罐和再熔罐中产生的废气由引风机收集至高点排放。图 3-3 是湿法成型机工艺流程图，国内已有多家公司在开发同类设备。

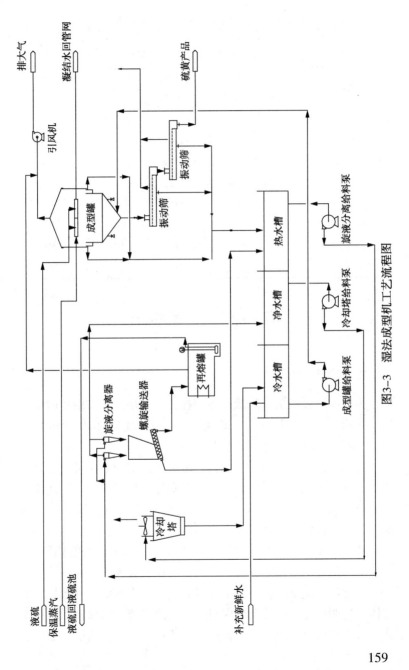

图3-3 湿法成型机工艺流程图

159

三种成型机各有特点，其主要参数如表 3-1 所示。

表 3-1　三种成型机的主要参数

	滚筒造粒机	钢带成型机		湿法成型机
处理能力/(t/h)	50	5	15	90
操作弹性/%	90~110	100~110	60~100	35~100
占地尺寸(L×W)/m	38×11	13×2	24×3.5	24×15
进料压力/kPa		300~500	200~400	250
产品规格	直径 1~6mm 球形颗粒	2~4mm 半球形颗粒	2~4mm 半球形颗粒	2~6mm 近似球形颗粒
产品含水率/%	0.5	0.5	0.5	2
产品堆积密度/(kg/m³)	1040	1044	1044	1044
产品静止息角/(°)	25	25	25	28

第二节　工程应用

一、总体方案

为减少建设投资、降低能源消耗、避免用户再次熔化固体硫黄，在用户允许的情况下，硫黄可优先采取液态出厂、运输方式，这部分内容不在本章论述范围内。

本章仅讨论硫黄的固体成型。硫黄固体成型单元可以与上游的硫黄回收装置一一对应，也可以一套硫黄成型单元集中处理多套硫黄回收装置生产的液态硫黄。考虑到后续包装计量的准确度、装卸运输的安全性以及工作场所的环保要求，不应选用产品为粉状、片状、薄片状、锭状的成型机。成型机所产固体硫黄应为球形、球缺形等固定且统一的颗粒，粒径宜为 1~6mm。

成型后的硫黄颗粒一般采取包装成袋、仓库储存或散料装车直接外运两种方式，炼油厂内很少设置散料硫黄的输送和储存设施。如果直接进行包装，应首选钢带式或滚筒式成型机；如果散料装车外运或在厂内进行散料输送、储存、倒运，则应首选湿法或滚筒式成型机。三种成型机比较而言，滚筒式成型机硫黄产品强度最高，在输送和倒运中不易破碎。湿法成型机次之，但含水率最高(2%左右)，钢带成型机的产品强度最低，且产品质量受机器运行状况影响较大。

国内成熟运用的是钢带成型机和湿法造粒。不论采用哪种形式的成型机，当一个项目需要选用多台成型机时，成型机的形式、规格应统一。成型机台数的确定，应遵守以下原则。

（1）以成型机连续产能(t/h)、工艺所需最大日产量(t/d)、日工作时间(h)为基准，确定成型机的工作台数。

（2）当钢带式成型机日工作时间超过16h时，应设置备机，备用原则是1~5台工作机备用1台，6~10台备用2台。

（3）当滚筒式或湿法成型机日工作时间超过16h时，成型机的总产能应较工艺所需最大日产量具有20%的裕量。

（4）当成型机日工作时间不高于16h时，不需设置备机、不考虑总产能的裕量。

二、钢带成型机

（一）布置

当选用钢带成型机时，一般采用两层封闭钢筋混凝土厂房，包装线、成型机水站布置在一层，成型机、带式输送机布置在二层。根据成型机台数的多少，可选择如图3-4的三种布置方案。

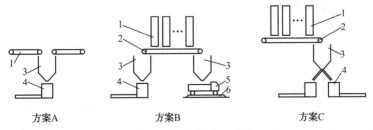

图3-4 成型包装布置方案

1—成型机；2—带式输送机；3—缓冲料仓；4—包装线；5—货车；6—汽车衡

161

方案 A：当装置规模较小、使用 1~2 台成型机时，成型机出料口直接设置于缓冲料仓上方。硫黄颗粒由缓冲料仓下料口进入包装线，进行计量包装作业。

方案 B：当装置规模较大、成型机数量较多时，多台成型机下料汇集到一条带式输送机上。带式输送机可正反转，一端设置缓冲料仓和包装线；另一端设置缓冲料仓和汽车衡，进行散料称量装车作业。

方案 C：当装置规模较大、成型机数量较多时，使用一条或两条带式输送机，将汇集的硫黄颗粒送至缓冲料仓。缓冲料仓设有多个下料口，与包装线一一对应。

由于包装线故障点较多，在成型机与包装线之间应设置缓冲料仓，储存时间一般为半小时，以避免因包装线故障而造成成型机频繁停车。

散料装车还有定量装车的形式，主要配备缓冲仓、定量仓、称重传感器。这种定量装车楼投资较高，不宜应用在硫黄成型规模较小的炼油厂。上述方案 B 推荐的是使用汽车衡对空/满车进行称重的方式，对装车的硫黄重量进行计量，此种方式投资较低。需要注意的是，缓冲仓容积不宜小于三辆货车装车量。

设计中还应尽量降低缓冲料仓伸出二层楼板的高度、皮带机高度，以降低成型机下料点高度和设备总高度。此外，并列布置的成型机之间应考虑留有足够的检修空间。

（二）配置

成型机入口液硫总管上应设置带蒸汽夹套保温的双通道过滤器，过滤精度为 0.8mm。总管返回线上设置压力调节阀，确保总管液硫压力稳定（280~300kPa），避免压力波动，以便有较好的成型效果。

每台成型机入口液硫管线上需设置自动切断阀和手动调节阀（均带有蒸汽夹套）、氮气或仪表风吹扫接口。自动切断阀参与成型机控制系统的联锁，手动调节阀用于调整成型机产能。

成型机的造粒头、钢带驱动轮毂分别采用变频电机驱动，以保证造粒头外表面线速度与钢带运行速度一致，以得到圆形、优质的硫黄颗粒。提高或降低产能时，两者转速应同时加快或减慢。

成型机应配置钢带跑偏开关、滚筒调整机构、防跑偏胶条。由于钢带对冷却水中氯离子含量有严格要求，一般炼厂内除盐水才能满足，因此需配置闭式循环冷却水站，使用循环水对多台成型机所用的除盐水进行集中冷却。

成型机应配有脱膜剂被动涂抹滚轮或者主动喷涂机构，前者安装在进料端轮毂侧下方，钢带运行时滚轮被带动旋转，将储槽中的脱膜剂连续涂抹到钢带表面。后者使用仪表风将脱膜剂雾化后喷涂于钢带表面，需要配置脱膜剂储罐和供应泵（多台成型机共用）、雾化箱和喷嘴（每台成型机单配）。

每台成型机应单独配置引风机，将液硫成型仓室的有害气体引出排至厂房外，排放点需满足环保要求。设计中应防止硫蒸气在风道和风机内冷凝、固化、沉积。

（三）操作和维护

钢带成型机可 24h/d 连续运行，也可根据工作班次需要间断运行。通过调整液硫入口手阀开度，单台成型机产能可降低至 60%。实际运行中当设有多台成型机时，可采取关停成型机的方式来降低产能。

成型机的开机顺序为：启动下游带式输送机、启动水站水泵、建立水循环、启动引风机、启动脱模剂喷涂设备、启动钢带驱动轮毂、启动造粒头电机、调节转速、打开进料阀。

停机程序与开机顺序相反。停机时，应一直保证进料管线和造粒头伴热蒸汽的供给，防止液硫凝固。停机后应立即用加热的氮气或仪表风吹扫干净进料管线和造粒头内的液硫，否则硫黄会不断从造粒头小孔滴落、凝固，影响再次开车。

钢带是成型机的核心部件，也是价格最昂贵的易损件。钢带如果只承受两端轮毂的拉伸应力，则可具有较长的使用寿命。但当钢带发生跑偏时，则容易发生侧向撕裂。虽然裂纹可以通过焊接修复，但也会降低钢带强度、缩短钢带使用寿命。因此日常操作中应注意观察，严格避免发生钢带跑偏，及时对轮毂的平行度和张紧机构进行调整。

三、湿法成型机

（一）配置

成型机应配置产品脱水设备（振动筛）、工艺水净化设备（沉淀罐、旋液分离器）、工艺水冷却设备（空冷塔、管壳式换热器）、细粉硫再熔罐、引风机等。

成型机设备布置于多层钢结构平台上，设置顶棚、侧面敞开。振动筛出料口下方设置缓冲料仓和包装线，或者缓冲料仓和汽车衡（同图 3-4 所示方案）。包装线布置在封闭的厂房内。

如成型机所产硫黄直接进行包装，颗粒硫黄含水率不得高于 2%，以满足国标 GB/T 2449 的要求。仅通过振动筛脱除颗粒硫黄夹带的水分，很难达标。需要在二级脱水筛自下而上通入热空气，协助带走硫黄表面的水分。除此之外，对于固体硫黄，暂时还没有其他安全、适宜的干燥方法与设备。如果成型机所产硫黄进行散料装车运输，或进行散料输送、储存、倒运，则不宜过多地降低硫黄含水率。

硫黄产品在振动筛上破碎、分离出的小颗粒硫黄经泵送时打碎、以及细小硫黄在旋液分离器中进一步破碎，这些都会造成工艺水中的硫黄更趋粉末状。仅仅依靠旋液分离器或沉淀罐无法将其分离干净，导致工艺水中的细粉硫黄不断累积，会严重影响成型的产品质量、系统的稳定性。应使用旋液分离器或沉淀罐作为一次分离，同时配备其他分离设备，以解决工艺水中残留细粉硫黄的问题。

再熔罐需配置搅拌器、引风机和消防蒸汽。

成型机、包装线、散料装车应各自分别配置独立的控制系统，成型机采取远程控制，包装线和散料装车采取就近控制。

（二）设计要点

振动筛的筛下物是颗粒硫黄和水的混合物，一级振动筛分离出绝大部分的水，二级振动筛分离出很少的水分和部分硫黄。设计中需注意，应保证二级振动筛筛下物返回热水槽的管道有足够的坡度，或者引入工艺水对管道进行冲洗，以防止管道内硫黄颗粒沉积堵塞。

由于操作条件或操作参数的变化，可能导致小颗粒硫黄量的增加。另外，由于进入再熔罐的硫黄颗粒含水率较高（约10%），这会在液面上形成水膜，阻止硫颗粒进入液硫熔化。因此，再熔罐应配置搅拌器，并引入液硫对颗粒硫黄落入点进行冲刷，以保证再熔罐的处理能力。

液硫管道的设计，应保证停机时液硫能自流退出管道，回到液硫池，以防止在管内凝固。水平段液硫管道应具有至少1%的坡度。

（三）操作和维护

湿法成型机可24h/d连续运行，也可根据工作班次需要间断运行。通过调整进料阀门开度，处理量可在50%～100%范围内稳定运行。成型机转动设备少，开、停机简单，其顺序如下。

开机顺序：启动水泵、调节泵出口阀门开度、建立水循环，启动上游液硫供料泵，启动振动筛、螺旋输送器、引风机，打开成型罐进料阀门。

下游包装线、输送机故障联锁停机顺序：成型罐进料阀关闭、成型罐下料阀关闭、停振动筛、停液硫供料泵。

四、钢带成型与湿法造粒的共性与特点

（一）选材

成型机和下游仓储设备中，与液硫、固硫直接接触的金属材料，应采用316L不锈钢，包括成型罐、引风管线、分配盘、成型盘、振动筛、螺旋输送器、再熔罐及其内部盘管、缓冲料仓、除尘器、除尘管线等。

湿法成型机中与工艺水接触的部件，应采用 316L 或其他耐腐蚀材料，沉淀罐采用 316L，水槽采用铝合金或 316L，工艺水管线采用 CPVC 或 316L，水泵的泵壳、叶轮、内泵壳零件、轴套采用 304 不锈钢(API 610 标准的 A7 级材料)，管壳式换热器管程(介质为工艺水)采用 304 不锈钢。

(二) 物料储存

硫黄的包装规格一般为 50 公斤/袋。包装线应具有自动上袋、自动计量、自动缝袋功能，当处理能力超过 15t/h 时，应配备自动码垛功能，码垛规格一般为 40 袋/垛。成垛硫黄由叉车运往仓库储存，采取 2 层码放。当包装线处理能力低于 15t/h 时，可采取人工码垛，码垛规格一般为 20 袋/垛，在仓库采取 4 层码放。

叉车应根据防爆区域划分等级，使用防爆电瓶叉车或防爆柴油叉车。仓库一般为有顶棚无侧墙的敞开式结构。包装厂房和仓库地面应使用不发生火花的面层。

缓冲料仓应密闭，上盖设置爆破阀，配置除尘器、高料位计。

(三) 危险性

硫黄为不良导体，干燥时，在储存、装卸、运输等环节易产生静电并积聚。各种成型机所产硫黄在上述环节中也会或多或少的破碎、产生粉尘。液硫与碳钢接触、固硫与碳钢接触(尤其在潮湿环境下)反应会产生 FeS，其与氧接触会放热。大量的 FeS 突然与空气接触会点燃周围的硫黄，并可能引起硫黄粉尘爆炸。

因此在生产装置中要特别注意设备的选材，一方面防止设备、管线等因腐蚀而无法正常生产，另一方面避免腐蚀产生 FeS 带来安全隐患。在储存、输送、倒运、装卸、运输环节，一方面要注意选材，严格避免腐蚀，另一方面要配置除尘(器)、(喷雾)抑尘设施，对飞扬的粉尘进行收集后集中处理，或用雾化水抑制粉尘的飞扬，适当增加颗粒硫黄含水率，以达到降低静电积聚、减少粉尘产生、提高粉尘所需点火能的目的。

（四）消耗对比

表 3-2 是两种成型方法的消耗对比。

表 3-2　两种成型机单台消耗

项　　目	钢带成型机	湿法成型机
单台产能/（t/h）	5	30
电/kW	10	62
循环水/（t/h）	20	110
除盐水/（t/h）		1
4Bar 蒸汽/（kg/h）	8	400
6Bar 蒸汽/（kg/h）		100
仪表风/（Nm³/h）		20
脱模剂/（kg/t 硫黄）	0.5	
包装袋尺寸/mm	950×550	900×540

第四章　除焦机械

　　1949 年建成的我国第一套焦化装置为釜式焦化装置，先后共建有 8 套釜式焦化装置，其除焦方式为人工除焦。1978 年全国 12 套焦化装置中只有一套釜式焦化装置，其余 11 套均为延迟焦化装置，目前我国新建焦化装置已全部为延迟焦化装置，其除焦方式为水力除焦。

　　水力除焦是利用高压水射流的能量（射流轴心动压力及射流总打击力）对焦炭塔内焦层进行破碎、崩落并清除出塔，而不是用切割器（钻头）直接接触焦层的机械式破碎焦层。

　　水力除焦方式主要分为两种，其一为有井架水力除焦方式，该除焦方式又分为全井架和双塔单井架两种；其二为无井架水力除焦方式。两者主要区别在于有井架水力除焦方式是设有井架和钻杆，钻杆由风动水龙头带动钻杆转动，从而带动接在钻杆下端的切焦器（钻头）转动，钻杆及切焦器的上下运动是通过钻机绞车的正反转来实现，钻机绞车正反转使绞车滚筒正反转，从而将卷在滚筒上的钢丝绳放出或收回，使钻杆及切焦器随之做上下运动。无井架水力除焦方式是没有井架和钻杆，而是用高压胶管（高压水龙带）作钻杆用，高压胶管上端与水龙带绞车连接，其下端连接水涡轮减速器和切焦器。不工作时，高压胶管盘卷在水龙带绞车轮盘上，工作时水龙带放下进入塔内，高压水经水龙带绞车进水管进入高压胶管，再进入水涡轮减速器，冲击水涡轮减速器叶轮，将部分高压水能量转化为机械能，带动切焦器旋转，高压水最后由切焦喷嘴喷出进行除焦作业，切焦器上下运动是通过水龙带绞车轮盘的正反转来实现。

　　两种除焦方式对比如表 4-1。

表 4-1　两种除焦方式的对比

项　目		有井架		无井架
		双塔单井架	全井架	
消耗钢材和投资	钢材用量/t	260	350	80
	材料和安装总费用/万元	160	215	50
除焦设备总费用①/万元		178	144	
操作参数	除焦时间/min	83	134	
	耗电量/(kW·h/t 焦)	9	13.5	
	耗水量/(m³/t 焦)	1	1.7	
	除焦率/(t/h)	170	95	
运行费用	水电费/(万元/a)	88	133	
	易损件②/(万元/a)	1.6	36	

注：此表数据基于 1987 年的调查数据。

① 除焦设备总费用仅为两种除焦方式中不同设备的费用比较。

② 两种除焦方式的主要易损件是高压胶管，无井架方式平均每年使用 18 根高压胶管，有井架方式的水龙带平均使用寿命为 5 年。

无井架除焦方式使用高压胶管带动切焦器上下运动，由于高压胶管为柔性体，在除焦时摆动幅度大、且易打偏、卡钻，并且下钻困难，除焦效率低，而且高压胶管工作环境恶劣，工作时要承受拉、扭应力及飞溅的碎焦块的冲击，工作中破损严重、寿命短。虽然有井架除焦方式一次投资高，但是年运行费用低，2~3年即可收回投资费用，而且技术成熟、设备可靠，能满足安全、平稳、长周期生产要求，能满足焦炭塔大型化后的除焦要求，因此，当前建设的延迟焦化装置均采用了双塔单井架水力除焦方式。下文所有描述均为有井架水力除焦方式。

第一节　工程设计

水力除焦机械系统布置如图 4-1 所示，主要设备包括钻机绞车、钢丝绳、张紧器、导向滑轮、固定滑轮组、游动滑轮组、风动水龙头、钻杆、支点轴承、水力马达、切焦器、自动顶盖机、自动底盖机、抓斗桥式起重机等。图4-1中还标示出了塔底平台、塔顶平台、中间检修平台和顶层平台，这些平台标高和井架高度的计算，是水力除焦设计中最重要的一个环节，在后面章节中将介绍其计算方法。

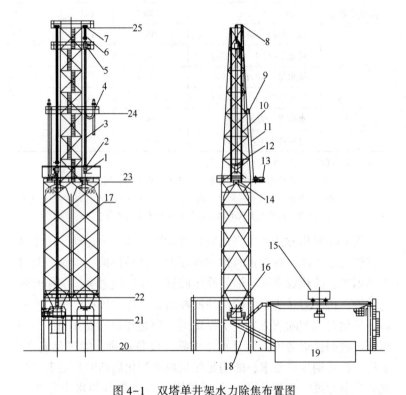

图4-1 双塔单井架水力除焦布置图

1—切焦器；2—水力马达；3—钻杆；4—高压胶管；

5—风动水龙头；6—游动滑轮组；7—固定滑轮组；

8—导向滑轮；9—张紧器；10—井架导轨；11—钢丝绳；

12—支点轴承；13—钻机绞车；14—自动顶盖机；

15—抓斗桥式起重机；16—自动底盖机；17—焦炭塔；

18—斜溜槽；19—储焦池；20—地面；21—塔底平台；

22—焦炭塔生根平台；23—塔顶平台；24—中间检修平台；25—顶层平台

一、高压水泵

高压水泵的参数和切焦效率密切相关，当泵功率低于某一值时，射流不能穿透焦层，除焦时间特别长；当泵功率达到某一值后，再增加功率并不能缩短切焦时间。可见，确定合理的泵参数可以提高切焦效率，并节约能源。

高压水泵出口压力根据经验公式(4-1)估算。

$$P = 2.7D \qquad (4-1)$$

式中　P——水泵出口压力(表)，MPa；

　　　D——焦炭塔直径，m。

目前国内一些焦化装置高压水泵参数和焦炭塔直径关系见图4-2。

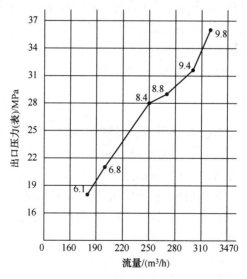

图4-2　高压水泵参数与焦炭塔直径的关系曲线

二、井架

井架的设备负荷包括切焦器、水力马达、钻杆、高压胶管、

171

风动水龙头、游动滑轮组、固定滑轮组、导向滑轮、支点轴承、钢丝绳、高压胶管内含水、以及钻杆内含水。当风动水龙头采用配重时，还应包括配重的重量。

井架一般生根于塔顶平台，当采用检修平台时，也可生根于检修平台。井架上应设置中间检修平台和顶层平台，这些平台作用如下。

（一）塔顶平台

平台上设置除焦操作间，其内布置钻机绞车、球形隔断阀、除焦操作台、自动顶盖机油站和操作盘，操作间外焦炭塔上塔口处设置自动顶盖机。此层平台是进行除焦作业时的主要操作位置之一。

（二）中间检修平台

设置于高压胶管与高压水管道联接处以下，主要用于施工和停工检修时，安装和更换高压胶管。

（三）顶层平台

用于安装导向滑轮和固定滑轮组。

三、钻杆

钻杆长度按式(4-2)计算，见图 4-3(c)下限位状态示意图。

$$A = h - S - B - C + G \tag{4-2}$$

式中　A——钻杆总长度，mm；

h——焦炭塔塔顶法兰至塔底法兰计算高度，mm，当不采用自动顶、底盖机时，此数值与焦炭塔本体高度 h' 相同；当采用自动顶、底盖机时，此数值还应包括自动顶盖机过渡短节高度 u 和自动底盖机过渡短节高度 v，如图 4-3(d)；

S——如图 4-3(a)状态下，切焦器下端距塔底法兰高度，一般取 200~300mm；

B——水力马达高度，一般为 980mm[*]；

C——切焦器高度，一般为 780mm[*]；

G——钻杆高出塔顶法兰长度，如图4-3(a)所示，mm；

$$G=d+e+f$$

d——钻杆上接头长度，一般为350mm*；

e——支点轴承滚轮底面至钻杆上接头距离，一般为210mm*；

f——塔顶法兰至下机械限位距离，一般取50~100mm。

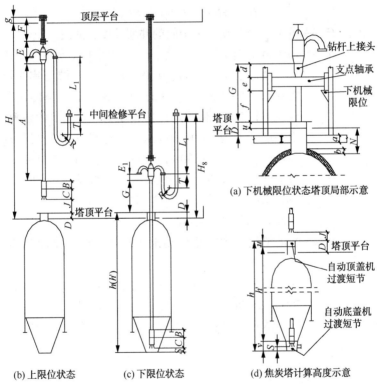

(a) 下机械限位状态塔顶局部示意

(b) 上限位状态　(c) 下限位状态　(d) 焦炭塔计算高度示意

图4-3　钻具计算示意图

说明：

(1) 计算时，应通过调整f值和S值，使A值圆整至0.1m；

(2) 带*标记的数据，可作为初步设计时参考，具体设计时应以实际设备尺寸为准。下面章节中的带＊标记的数据也是相同的原则；

（3）式(4-3)、式(4-4)、式(4-5)中提及的平台标高，均为平台上表面。

四、井架高度

井架高度按式(4-3)计算，见图4-3(b)中上限位状态示图。

$$H = A + B + C + J + D + E + F - g \qquad (4-3)$$

式中　H——塔顶平台至顶层平台间的井架高度，mm；

　　　J——切焦器下端至塔顶法兰距离，如图4-4所示。使用人工装卸塔顶法兰时，J值为切焦器下端至焦炭塔塔顶法兰的距离，应为1550～1600mm；当使用自动顶盖机时，J值为切焦器下端至过渡法兰的距离，应保证J_1值为500～600mm，对于液压螺栓式自动顶盖机，J值为1550～1600mm，u值约为200mm。

　　　D——塔顶法兰到塔顶平台距离，不设自动顶盖机时取500～700mm，设自动顶盖机时取700～900mm（$u = $ 200mm＊），应取小值；

　　　E——游动滑轮组中心至风动水龙头与钻杆联接面距离，一般为3360mm＊；

　　　F——固定滑轮组中心至游动滑轮组中心距离，一般取2000～2500mm，取大值；

　　　g——固定滑轮组中心至塔顶平台高度，一般为270mm＊。

计算时，应通过调整D、F值，使H值圆整至0.1m。

五、高压胶管

高压胶管长度按式(4-4)计算，见图4-3。

$$L = L_1 + \pi R + 2T \qquad (4-4)$$

式中　L——高压胶管长度，mm；

　　　L_1——钻杆最大全行程的一半，mm；

174

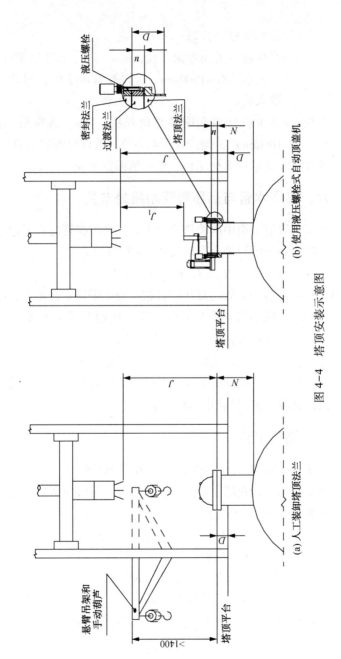

图 4-4　塔顶安装示意图

$$L_1 = (h + J - S)/2;$$

R——高压胶管工作弯曲半径，mm。对应于直径 $3''$ 胶管，一般取 $800\sim1500$mm。进口胶管取小值，国产胶管取大值；

T——高压胶管两端刚性直段长度，mm。通常取 $500\sim1000$mm*，国产胶管取小值，进口胶管取大值。

计算时，应通过增加 T 值，使 L 值圆整至 m。

六、高压水管与高压胶管相接处法兰

高压水管道引至中间检修平台上方，高压胶管与其采用法兰联接，法兰面距塔顶平台高度按式(4-5)计算：

$$H_8 = L_1 + E_1 + G + D \tag{4-5}$$

式中　H_8——高压水管与高压胶管相接处至塔顶平台距离，mm；

E_1——风动水龙头与高压胶管联接面至风动水龙头与钻杆联接面距离，一般为 1800mm*。

计算后，将结果向上圆整至 0.1m。确定高压水管法兰面高度后，在其下方 $500\sim800$mm(高压胶管刚性直段长者取大值，刚性直段短者取小值)设置中间检修平台。

七、塔顶平台

上述计算完成后，按式(4-6)验算塔顶平台标高是否满足要求，即在操作时焦炭塔上封头保温层是否会与塔顶平台下方的支撑梁干涉，见图 4-3(a)。

$$N - D + u - a - b - c > 50 \tag{4-6}$$

式中　N——塔顶法兰到焦炭塔上封头距离，mm；

a——塔顶平台支撑梁高度，mm；

b——焦炭塔保温层厚度，mm；

c——焦炭塔正常工作时向上膨胀量，mm。

第二节 主 要 设 备

一、钻机绞车

钻机绞车用于除焦过程中升降整套钻具，主要由电机、联轴器、减速器、卷筒、制动器、机架等组成，见图4-5。电机输出轴经减速器减速后，驱动卷筒旋转，从而控制钢丝绳的出绳速度。钢丝绳绕经张紧器、导向滑轮、固定滑轮组、游动滑轮组，最终提升风动水龙头、钻杆、高压胶管等钻具。目前，钻机绞车的电机功率主要有18.5kW、22kW、30kW、37kW四档，实际应用中，应根据钻具重量选择。

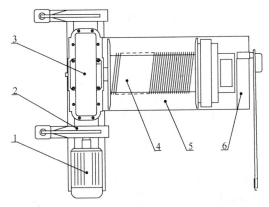

图4-5 钻机绞车简图

1—电机；2—液压推杆制动器；3—减速器；4—卷筒；5—机架；6—手动制动器

早期电机配合手动五档变速器，实现不同的出绳速度。近年随着变频器的普及，电机已广泛采用变频调速，在钻孔、切焦、提钻的不同工况下，控制不同的出绳速度，同时通过电机正反转，实现钻具升降。

减速器采用蜗轮蜗杆传动，且应具有自锁功能。绞车一般配有2个液压推杆制动器和1个手动制动器。钻具在最低点位置时，卷筒中至少应留有 10 圈钢丝绳。

二、固定、游动滑轮组

固定滑轮组和游动滑轮组有时也称为天车和游动大钩。两滑轮组的设计负荷按总钻具负荷的 5 倍计算，但不小于 30t。固定和游动滑轮组的配合有 4 台滑轮+3 台滑轮和 5 台滑轮+4 台滑轮两种组合，设计时均可采用。

三、风动水龙头

如图 4-6，风动水龙头主要由风动马达、双鹅颈管、传动部件、密封箱、支架等组成。风动水龙头与高压胶管采用法兰联接，在出轴端与钻杆采用 5½″贯眼螺纹联结。

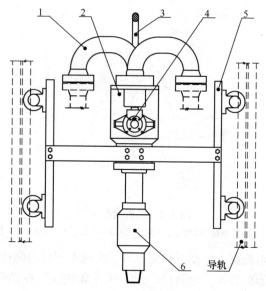

图 4-6　风动水龙头简图

1—双鹅颈管；2—传动部件；3—吊环；4—风动马达；5—支架；6—密封箱

风动水龙头具有以下四个作用。

（1）带动钻杆旋转。风动水龙头采用 6hp（4.4742kW）风动

178

马达作为动力源，经锥齿轮减速后，带动输出轴以及钻杆、切焦器旋转，实现切焦、钻孔作业。此种驱动方式会带动整个钻杆旋转，当钻杆弯曲时，会导致钻杆摆动和井架晃动。而且风动马达寿命短、工作时噪音大，因此近年多采用水力马达驱动切焦器旋转，风动马达仅作为备用措施；

（2）高压水的流经载体并导入钻杆。高压水经高压胶管、双鹅颈管进入风动水龙头，最终从输出轴进入钻杆。有时也将双鹅颈管设计成 T 型，此种设计会在两路进水汇集处形成巨大的对冲，损耗大量能量，应避免使用。但在使用单高压胶管加配重时，可使用此形式；

（3）提升钻杆的吊挂点；

（4）对钻具的运行轨迹进行导向。

四、井架导轨

井架导轨是风动水龙头支架和支点轴承的运行轨道。它采用槽钢或工字钢通过调节板安装在支撑立柱上，见图 4-7。图中所示开洞尺寸为中间检修平台开洞。若设计其他平台开洞，尺寸 2500mm 应调整为 1000mm。井架导轨用螺柱、连接板及调节垫

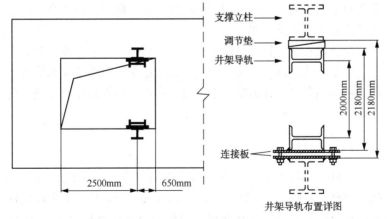

图 4-7 井架导轨安装及平台开洞示意

与支撑立柱联接，待导轨位置及尺寸精度调节达到要求后，再焊接固定。安装后应满足以下要求。

（1）导轨间距 2180mm，安装时应控制在 2180 ~2185mm 之间；

（2）两导轨直线度偏差不大于 1mm/6m 或 5mm/全长，取小值；

（3）两导轨与地平面垂直度偏差不大于 1mm/6m 且 5mm/全长，取小值。

五、高压胶管

高压胶管也称为高压水龙带。其直径有 3″和 3.5″两种规格，工作压力应根据高压水泵的关闭扬程选择。国产高压胶管两端均采用对焊法兰与风动水龙头和高压水管道联接。进口胶管一端为对焊法兰，另一端类似于松套法兰，在使用螺栓与管道联接之后，可转动胶管，消除安装时造成的管体扭转。

在完成除焦作业之后，胶管内会存水。在北方寒冷冬季，存水会结冰导致胶管破裂。可采用单根胶管进水，完成除焦后使用净化风吹净胶管存水的办法。但此时风动水龙头载荷不对称，需要在双鹅颈管的另一端使用配重加以平衡。配重重量为高压胶管及其内含水总重的一半。

应该注意，在钻具升降过程中，胶管作用在风动水龙头上的重力是变化的，即使使用了配重，也无法保证风动水龙头受力平衡。在环境条件允许的情况下，设计应首选两根高压胶管供水的方案。

六、钻杆

钻杆上端与风动水龙头联接，下端与水力马达或切焦器联接，钻杆总长按式(4-2)计算，一般为 30~40m 长，由多段钻杆采用螺纹固定导向、焊接而成。当焦炭塔直径≥8.4m 时，钻杆外径应为 7″。

在钻孔作业时，钻具下降过快可能导致切焦器触及焦炭(顶钻)，而造成钻杆弯曲或钢丝绳脱扣。为防止此事故发生，可在钻机绞车与导向滑轮之间的钢丝绳上安装张紧器，用以检测钢丝绳的拉力。当发生顶钻时，拉力降低，控制系统向钻机绞车发出停止信号。

七、水力马达

水力马达工作原理是使用少量高压除焦水推动径向活塞组沿曲线轨道运动，从而推动输出轴作低速旋转。使用水力马达带动切焦器工作，与使用风动水龙头相比，钻杆不转动，不会因为钻杆弯曲而引起切焦器摆动和井架晃动。

与水力马达具有同样工作效果的是水涡轮，其区别在于：后者使用全部高压水推动几组涡轮转子作高速旋转，再通过摆线轮降速驱动输出轴转动。与水力马达相比，水涡轮具有以下缺点：除焦水压力损耗严重、结构复杂、故障率高。设计中应优先使用水力马达，其推动活塞运动的高压水量应控制在 $2m^3/h$ 以下。

水力马达与钻杆、切焦器采用 $4\frac{1}{2}''$ 内平螺纹联接。

八、切焦器

切焦器上部采用 $4\frac{1}{2}''$ 内平螺纹与钻杆或水力马达联接。切焦器具有钻孔和切焦两组喷嘴，使用换向阀控制高压水进入其中一组喷嘴，从而进行钻孔或切焦作业。早期产品在完成钻孔(或切焦)作业后，需要将切焦器提出塔外，人工切换换向阀的阀位，并用盖帽螺母堵上其中一组喷嘴。2001年洛阳涧光石化设备制造公司开发出了自动钻孔切焦器，可以实现钻孔和切焦工位在塔内自动切换，目前已广泛用于延迟焦化装置。

自动钻孔切焦器的换向阀可以在"回零–钻孔–回零–切焦"四个工位进行切换，其切换动作是依靠切焦水的压力和弹簧共同作用完成的。除焦作业时，除焦水控制阀的阀位在"旁通–全开–旁通–全开"间切换时，改变切焦水压力将使切焦器在上述四个工位进行切换。

切焦器的钻孔喷嘴一般为4个，切焦喷嘴有2个和4个两种形式。当焦炭塔直径≥8.4m时，应采用2个切焦喷嘴，焦炭塔直径<8.4m时，适合使用4个切焦喷嘴的切焦器。

九、自动顶盖机

自动顶盖机不是水力除焦系统中的必要设备，但是它可以提高除焦作业的自动化程度、降低人工劳动强度、缩短除焦时间。早期，人工装卸焦炭塔塔顶法兰螺栓，并使用悬臂吊架和手动葫芦吊装塔顶盖，见图4-4(a)为人工装卸塔顶法兰示图。2002年以后，自动顶盖机逐渐在焦化装置中应用并普及，目前应用最广泛的是液压螺栓式自动顶盖机，见图4-4(b)，其过度法兰与焦炭塔塔顶法兰使用16个普通螺栓联接固定，使用16组液压螺栓将密封法兰与过渡法兰联接。液压螺栓主要由油缸、蝶簧组成。完成除焦作业后，需要关盖密封时，使用液压油将油缸推动，压缩蝶簧，压缩到位后，使用锁环将16个油缸头部凸台全部锁紧。完成锁紧后，撤去液压油，依靠蝶簧的压缩预紧力使法兰密封。需要除焦作业时，反序松开液压螺栓，依次使用起升油缸、转动油缸使密封法兰升起、转动打开塔口。所有的驱动力均由配套的液压系统提供。

使用液压螺栓式自动顶盖机时，应着重注意以下两点。

(1) 液压螺栓油缸的最小截面积，是否能承受单组液压螺栓提供的密封力；

(2) 密封时，锁环锁紧后，应有机械销固定锁环，防止由于锁环松动而使液压螺栓泄压，法兰密封力消失。

十、底盖机

底盖机的作用是在焦炭塔生焦时，保证塔底法兰的密封。在准备除焦时，打开或卸下塔底法兰，并保证除焦时石油焦顺利进入斜溜槽。底盖机形式多样，在2005年以后自动底盖机迅速发展起来。

1. 液压塔底盖装卸机

这是一种比较老的产品，但目前在很多炼厂还在使用，其外形如图4-8所示。工作步骤如下：

（1）准备除焦时，移动底盖机，将其托盘中心对准塔底法兰盖支架中心；

（2）升起起重柱塞使托盘托住法兰盖支架，使用旋转臂上的风扳机依次卸下塔底法兰上的螺栓，以及进料管道法兰螺栓；

（3）下降起重柱塞，移动底盖机，使保护筒对准塔底法兰；

（4）升起保护筒套住法兰，依靠保护筒在塔底法兰与斜溜槽之间建立一个通道。此时塔底具备进行除焦的条件；

（5）除焦完成后，反序安装法兰盖。

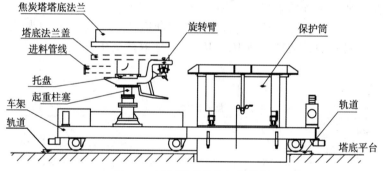

图4-8　液压塔底盖装卸机简图

液压塔底盖装卸机具有以下特点：

（1）设备造价低；

（2）自动化程度低，需要人工装卸螺栓、操作每一个步骤；

（3）危险程度高，拆卸螺栓和打开法兰时，会有冷焦水和石油焦溅出，烫伤操作工；

（4）完成装、卸法兰盖的时间较长，大概需要40min。

底盖机在塔底平台的轨道上行走，两个焦炭塔可共用一台底盖机。其安装高度见图4-9，图中相关尺寸如下：

（1）底盖机轨距为 3500mm；

（2）轨顶至塔底平台高度 M_1，为 150~180mm，包括轨道下垫铁高度；

（3）底盖机保护筒完全下落后，其顶面至塔底法兰盖支架下表面距离 M_3，为 80~115mm(焦炭塔冷态时的尺寸，当焦炭塔生焦时，会以裙座为基准向下膨胀 40~50mm*，即 M_3 为 30~75mm)，应取大值；

（4）底盖机保护筒完全升起后，罩住塔底法兰的重叠度 M_4，不小于 50mm；

（5）根据 M_3、M_4 的确定原则，结合底盖机自身的结构尺寸，确定 M_2 值，一般为 2800~2900mm*；

（6）依据塔底法兰至裙座高度 M_5，以及 M_1、M_2 计算焦炭塔安装平台标高 Z_3。

$$Z_3 = Z_1 + M_1 + M_2 + M_5 \tag{4-7}$$

计算后，通过调整 M_1、M_2，使 Z_3 取整至 0.1m。

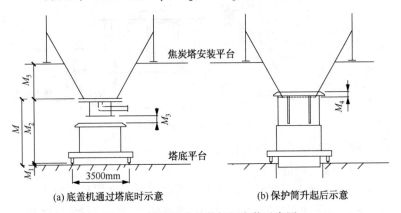

(a) 底盖机通过塔底时示意　　(b) 保护筒升起后示意

图 4-9　液压塔底盖装卸机安装示意图

2. 卸盖式自动底盖机

卸盖式自动底盖机是在液压塔底盖装卸机的基础上发展起来的全自动塔底盖装卸机，设备外形图见图 4-10。其工作原理如下：

184

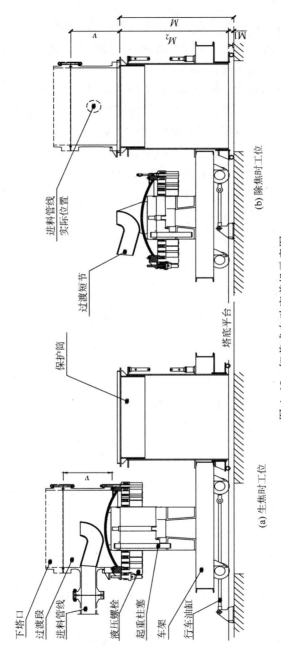

（a）生焦时工位

（b）除焦时工位

图 4-10　铆盖式自动底盖机示意图

注：图中为了表示清晰，将进料管道方向旋转了 90°。

185

（1）取消塔底法兰盖，更换为过渡段和进料短节。过渡段上法兰与焦炭塔塔底法兰采用普通螺栓联接固定，过渡段下法兰与进料短节采用液压螺栓联接；

（2）液压螺栓工作原理与自动顶盖机的液压螺栓相同，使用液压螺栓可以实现进料短节与过渡段的快速、自动装卸；

（3）卸下进料短节后，降低起重柱塞；

（4）启动行车油缸，底盖机运行到位。除焦时，升起保护筒套住法兰，此时塔底具备进行除焦的条件；

（5）除焦完成后，反序安装进料短节。

自动底盖机具有以下特点：

（1）装卸液压螺栓、升降起重柱塞、移动车体、升降保护筒均由液压系统完成，可以实现远距离控制、大大降低人工劳动强度；

（2）减少了人员参与程度，降低了人身伤害危险；

（3）缩短了工作时间，单次工作时间约为 4min，有助于缩短生焦周期；

（4）增加了设备投资，每塔单独配一台底盖机，增加了塔底平台负荷。

图 4-10 中的相关计算尺寸如下：

（1）底盖机轨距为 3500mm；

（2）轨顶至塔底平台高度 M_1，为 150~180mm，包括轨道下垫铁高度；

（3）轨顶至过渡段下法兰高度 M_2 约为 2300mm，过渡段高度 v 约为 1000mm。

3. 闸板式自动底盖机

闸板式自动底盖机主要由阀体、托架小车（或弹簧吊架）、液压站、电气控制柜组成，见图 4-11。其阀板形式有平板闸阀式和扇形闸板式两种，阀体的支撑方式有上部吊挂或下部轨道支撑。

卸盖式自动底盖机在开盖过程中，还是可能出现石油焦和水

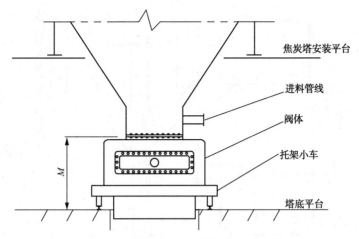

图 4-11　闸板式自动底盖机安装示意图

下落的情况。与卸盖式自动底盖机相比，闸板式底盖机安全性更高，其上部与焦炭塔塔底法兰采用普通螺栓联接，下部保护筒伸入斜溜槽，阀门的开关依靠阀板的移动来完成，下塔口始终不会对外界敞开。

安装尺寸 M(塔顶平台至塔底法兰高度)不小于 1800mm。

第三节　水力除焦程序控制系统

一、组成

水力除焦程序控制系统是用 PLC 对水力除焦全过程中关键除焦设备的动作顺序及动作条件进行控制，使水力除焦的主要工序按预先编好的程序进行工作，当条件不完备时不能动作。其关键控制设备见图 4-12 高压除焦水流程图。

除焦程序控制系统的输入信号有：

（1）高压水泵泵体、齿轮箱、电机、润滑油站的监测信号；

（2）允许开焦炭塔顶、底盖信号；

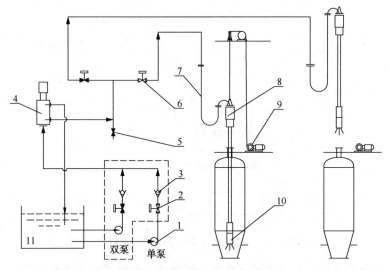

图 4-12　高压除焦水流程示意图

1—高压水泵；2—泵出口球形隔断阀；3—单向阀；4—除焦水控制阀；
5—泄压阀；6—塔顶球形隔断阀；7—高压胶管；8—风动水龙头；
9—钻机绞车；10—切焦器；11—切焦水罐

（3）井架限位开关反馈信号；

（4）除焦水控制阀、球形隔断阀阀位反馈信号；

（5）自动顶、底盖机的开、关到位信号；

（6）切焦水罐液位信号。

除焦程序控制系统的输出信号有：

（1）钻机绞车电机转向；

（2）钻机绞车电机频率；

（3）钻机绞车、高压水泵起、停；

（4）除焦水控制阀、球形隔断阀阀位。

除焦程序控制系统的硬件组成：

（1）控制柜；

（2）上位机；

（3）除焦操作台；

（4）钻机绞车变频器；

（5）限位开关；

（6）摄像机和显示器。

二、除焦程序

水力除焦是延迟焦化装置生产过程中的最后一道工序。其操作工序是从焦炭塔冷焦水的放水工序完成之后开始，到除焦完毕后焦炭塔的底盖和顶盖完全关闭为止。

如图4-12所示，除焦时，高压水泵送出的高压水经除焦水控制阀、球形隔断阀、高压胶管、风动水龙头、钻杆、水力马达，最后由切焦器喷嘴喷出高压水射流，进行钻孔或切焦作业。同时，由钻机绞车的出绳速度控制风动水龙头、钻杆、水力马达和切焦器的升降速度，以取得合适的切距。破碎的石油焦与切焦水一起经自动底盖机、斜溜槽落入储焦池。

（一）除焦前的准备工作

（1）焦炭塔内的温度、压力降低到设定值后，DCS或SIS向水力除焦程序控制系统及塔顶和塔底发出允许开盖信号；

（2）操作人员打开塔顶、底盖；

（3）除焦水控制阀应处于旁通位，泵出口球形隔断阀应处于全开位。

（二）高压水泵允许启动条件

（1）切焦水罐水位高于低报警液位；

（2）泵入口管道压力满足要求；

（3）润滑油总管压力满足要求；

（4）除焦水控制阀处于旁通位置。

（三）钻孔作业

（1）塔顶操作人员启动钻机绞车，使钻具下降；

（2）切焦器到达中限位时，塔顶球形隔断阀自动打开，钻具停止下降；

（3）启动高压水泵；

（4）将除焦水控制阀由旁通工位切换到预充工位；

（5）待高压水管道达到预充压力、切焦器钻孔喷嘴见水时，将除焦水控制阀由预充工位切换到全流工位；

（6）启动钻机绞车，使钻具下降，进行钻孔作业；

（7）钻具到达下限位时，操作钻机绞车反转，当切焦器提到中限位时停止提钻；

（8）切换除焦水控制阀回到旁通工位，切焦器由钻孔工位自动切换到回零工位。

（四）切焦作业

（1）将除焦水控制阀由旁通工位切换到预充工位；

（2）待高压水管道达到预充压力、切焦器钻孔喷嘴见水时，将除焦水控制阀由预充工位切换到全流工位，切焦器由回零工位自动切换到切焦工位；

（3）启动钻机绞车使钻具下降，进行切焦作业；

（4）塔内焦炭清除干净后，向上提钻，并将除焦水控制阀切换到旁通工位，切焦器自动切换到回零工位。当钻具提升到中限位时，球形隔断阀自动关闭；

（5）钻具提到上限位时，钻机绞车停止，除焦作业结束。

（五）除焦完成的后续工作

（1）高压水泵房操作人员停高压水泵，打开泄压阀；

（2）塔底操作人员操作底盖机关闭下塔口；

（3）塔顶操作人员人工或操作自动顶盖机关闭上塔口。

（六）除焦水控制阀

除焦水控制阀主要由阀体、执行机构、电气控制元件组成。阀体的一个进水法兰与高压水泵出口相连，旁通、全开两路出口法兰分别通向切焦水罐、钻具。执行机构一般采用气动，控制阀芯处于旁通、预充、全开三个阀位，因此也称三位阀。

1. 旁通

阀芯处于旁通状态时，高压水经过多级降压孔板节流降压后，由旁通出口回到切焦水罐，进行高压水泵与切焦水罐之间的循环。旁通出口压力一般控制在 0.5MPa。

2. 预充

阀芯处于预充状态时，一部分高压水经旁通降压孔板流回切焦水罐，另一部分高压水经多级预充孔板降压，水压降到 2.5～5.0MPa 对除焦水上水管道及高压胶管进行预充。

3. 全开

阀芯处于全开位置时，旁通出口关闭，高压水不经过降压从全开出口排出，进入钻具。

三位阀的安装有两种方式：

（1）安装于高压水泵出口：当三位阀和高压水泵同时引进时，可以将三位阀直接安装在高压水泵出口法兰上。此种布置可以减少高压管道的使用、布置紧凑；

（2）落地安装：此种布置流程图如图 4-12 所示，三位阀带一支架安装于地面。此种布置方式便于进行检修。

（七）限位开关位置

在除焦作业中，为了检测切焦器在塔内外的实际位置，采用接近式位置开关对钻具位置进行检测。一般在风动水龙头支架的中心线安装一作用板，当作用板扫过限位开关时，后者向程序控制系统发出信号，PLC 执行相应的指令。上、下机械限位均采用机械方式限定钻具行程，下面逐一介绍。

1. 下机械限位

下机械限位采用机械挡块的形式，限定钻具在除焦作业时的极限低点位置，使切焦器不能越出焦炭塔底法兰面。且留有 200～300mm 裕量，即图 4-13 中 $S = 200 \sim 300$mm。下机械限位安装位置按式(4-8)计算。

$$H_1 = D + f \qquad (4-8)$$

式中　H_1——下机械限位挡块上表面距塔顶平台距离，mm。

应当注意，在正常操作状态，钻具不会下降到此位置，会在下限位开关处停止下降。只有当下限位开关失灵时，钻具才依靠下机械限位挡块停止。

2. 下限位开关

下限位开关用于限定除焦作业时钻具的正常低点位置，钻具到达此点时，下限位开关发出信号，钻机绞车停止，钻具不再下降。下限位开关安装位置按式(4-9)计算。

$$H_2 = Z_1 + M + S' + K - Z_2 \qquad (4-9)$$

式中　H_2——下限位开关距塔顶平台距离，mm；

　　　Z_1——塔底平台标高，mm；

　　　M——塔底法兰至塔底平台距离，mm，见底盖机相关章节；

　　　S'——在下限位时，切焦器下端到塔底法兰距离，通常取500mm；此时，钻杆伸出支点轴承高度(图中 j)约为200~300mm；

　　　K——切焦器下端到风动水龙头支架中心线的距离，mm；

$$K = C + B + A + E_2 \qquad (4-10)$$

　　　E_2——风动水龙头与钻杆联接面到风动水龙头支架中心线的距离，一般为1010mm*；

　　　Z_2——塔顶平台标高，mm。

计算时，应通过调整 S'，使 H_2 圆整到0.1m，应向上圆整。

3. 钻具位移显示开关

钻具位移显示开关用于判断切焦器是否到达塔顶法兰。在顶层平台安装的导向滑轮上装有另外一个接近开关，滑轮转动一圈扫描一次，基于滑轮轮槽直径而计算出钻机绞车的出绳长度。当切焦器到达塔顶法兰时，出绳长度归零，以此计算出切焦器进入焦炭塔的深度。钻具位移显示开关安装位置按式(4-11)计算。

$$H_4 = D + K \qquad (4-11)$$

式中　H_4——钻具位移显示开关距塔顶平台距离，mm。

4. 中限位开关

中限位开关是除焦控制阀、球型隔断阀的重要控制信号来源，由于此开关对于除焦程序控制和人员保护尤为重要，应设置两只。此两个信号进入除焦程序控制系统时取一个即可，以免因为限位开关失灵而导致钻具越位，造成人员伤害和设备损坏。两个限位开关设于切焦器进入塔内 5m 及其下方 0.2m。当钻具到达此位置时，将进行以下作业。

（1）初次进入焦炭塔，准备开始钻孔作业；

（2）完成钻孔作业，准备开始切焦作业；

（3）完成切焦作业，准备将钻具提出塔外。

中限位开关安装位置按式（4-12）、式（4-13）计算

$$H_3 = H_4 - 5000 \qquad (4-12)$$

$$H'_3 = H_4 - 5200 \qquad (4-13)$$

式中　H_3、H'_3——中限位开关距塔顶平台距离，mm。

5. 上限位开关

上限位开关用于限定除焦作业时钻具的正常高点位置，钻具到达此点时，上限位开关发出信号，钻机绞车停止，钻具不再上升。上限位开关安装位置按式（4-14）计算。

$$H_5 = D + J + K \qquad (4-14)$$

式中　H_5——上限位开关距塔顶平台距离，mm。

计算后，可对结果向下圆整至 0.1m。

6. 上机械限位

上机械限位同样采用机械挡块的形式，限定钻具在除焦作业时的极限高点位置，以防止动定滑轮组中心距过短而发生钢丝绳脱离轮槽的危险。上机械限位挡块安装位置按式（4-15）计算。

$$H_6 = D + J + K + E_3 + m \qquad (4-15)$$

式中　H_6——上机械限位距塔顶平台距离，mm；

　　　E_3——风动水龙头支架高度的一半，一般为 450mm[*]；

　　　m——上限位与上机械限位间的缓冲距离，一般取 300mm。

计算后，可对结果进行圆整，但应保证图 4-13 中 $F > 2000$mm。应当注意，在正常操作状态，钻具会在上限位开关处停止上升，只有当上限位开关失灵或上升速度过快冲过缓冲区时，钻具才会依靠上机械限位挡块停止。

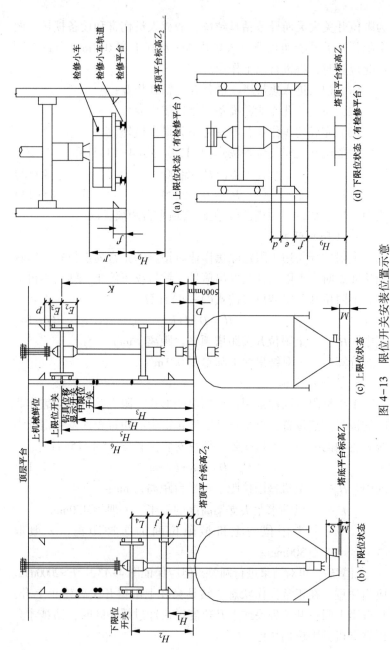

图 4-13　限位开关安装位置示意

194

7. 检修限位开关

有时，为便于检修水力马达和切焦器，在塔顶平台上方 3m 左右还设有一层检修平台，使用检修小车装卸切焦器和水力马达。此种设计也可避免塔顶平台过于拥挤、设备与管道发生干涉。

采用检修平台的布置见图 4-13，检修限位开关安装位置按式(4-16)计算。

$$H_7 = H_9 + J' + K \qquad (4-16)$$

式中　H_7——检修限位开关距塔顶平台距离，mm；

　　　H_9——塔顶平台至检修平台距离，一般为 3000mm；

　　　J'——切焦器高出检修平台距离，需超过检修小车最高点，一般为 1000mm[*]。

采用检修平台时，相关设备尺寸和限位开关安装标高计算变化如下：

（1）下机械限位挡块，其顶面高出检修平台距离 f' 一般取 150~200mm；

（2）下限位开关标高，应保证 j 值为 200~300mm；

（3）中限位开关、钻具位移显示开关、上限位开关计算公式仍为式(4-11)、式(4-12)、式(4-13)、式(4-14)，但钻杆长度 A 会因增加检修平台而加长；

（4）钻杆长度 A，按式(4-17)计算；

$$A = h - S - B - C - D + H_9 + f' + e + d \qquad (4-17)$$

（5）井架高度 H，按式(4-18)计算；

$$H = A + B + C + J' + H_9 + E + F - g \qquad (4-18)$$

（6）钻杆 L_1 为最大全行程的一半，按式(4-19)计算；

$$L_1 = (h - S - D + H_9 + J')/2 \qquad (4-19)$$

（7）根据式(4-19)结果，计算 L、H_8 数值。

增加检修平台后，钻杆长度和井架高度会增加，这一方面会增加设备和钢结构的投资费用，另一方面也会降低钻杆的刚性和井架的稳定性，设计时应综合考虑其优缺点。

第四节　发展趋势

一、除焦设备的更新

（一）电动水龙头

原有的风动水龙头存在噪音大、故障率高等缺点，且无法纳入水力除焦程序控制系统。电动水龙头使用电机驱动替代风动马达驱动，克服了上述缺点。且当使用变频器对电机转速进行控制时，在切焦时可以根据焦炭塔内所存焦层厚度，即切焦器到焦层的距离，调整电机转速，以达到最佳的切焦水的线速度，提高切焦效率、节约能源。

（二）钻杆防坠落设施

钻杆防坠落设施的作用是，当提升钢丝绳（见图4-1中11）断裂时，在规定的距离内刹车制动，将风动水龙头、钻杆等钻具卡住，固定在井架上面，防止设备坠落，造成人员伤害和设备损坏。

钻杆防坠落设施由防坠保护组件、制动钢丝绳、缓冲支座组成。防坠保护组件安装于游动滑轮组和风动水龙头之间，缓冲支座安装在顶层平台。当提升钢丝绳断裂时，防坠保护组件中的楔块产生动作紧紧抓住制动钢丝绳。制动钢丝绳固定于缓冲支座，从而将全套设备挂在制动钢丝绳上。当提升钢丝绳恢复对钻具系统的提升力时，楔块会自动复位，松开制动钢丝绳。

（三）电动盘车

在除焦过程中，有时焦炭塔内会发生石油焦塌方而将钻具埋在塔内，由于风动水龙头扭矩较小，无法转动钻杆、使石油焦松动，钻具无法提出。

电动盘车可以在发生上述事故时，对钻杆施加大扭矩，使钻杆旋转、周围石油焦松动，为钻机绞车提升钻具提供条件。电动盘车下部有车架，使用时推到钻杆旁边，其开口颚板逐渐夹紧钻杆，电机开始提供扭矩。

（四）钢丝绳张力精密检测系统

其工作原理是使用测力传感器测量钢丝绳的张紧力。当超过某一设定值即为焦炭塌方，低于某一值为顶钻，再低于某一值为钢丝绳断裂。信号进入水力除焦控制系统，相应设备采取后续动作。

二、除焦过程实现自动化

目前的水力除焦程序控制系统虽然具有信号采集、报警联锁、程序控制功能，但是每一个关键步骤（如钻孔作业和切焦作业）均需要人工进行判断并发出指令。这种控制方式存在如下缺点：

（1）个人因素决定除焦程序的安全和正确与否；

（2）除焦时间可能偏长，不利于缩短生焦周期；

（3）根据个人经验判断切焦作业是否完成，准确性不高；

（4）焦炭塔顶需设操作岗位，存在人身安全隐患。

国内已有单位在研发焦炭塔远程自动除焦系统，此系统除具备原除焦控制系统的功能外，还具备如下功能或子系统：

（1）焦炭清除检测系统 通过在焦炭塔上增设传感器，以检测塔内焦炭是否清除干净，控制系统自动判断完成切焦作业，执行下一指令。

（2）除焦过程专家系统 建立钻孔、切焦工况模型，在不同工况下自动控制钻杆运动速度、运动方向、停留时间，针对不同的焦炭性质，可以得到最佳的除焦效果。

第五章　滑　　阀

第一节　滑阀的分类

滑阀是催化裂化装置中的专用阀门，按其特点不同，可进行如下分类。

一、按用途可分为单动滑阀和双动滑阀

（1）单动滑阀主要用于调节和控制催化剂的循环量，必要时起切断的作用。按其安装位置，单动滑阀可分为再生滑阀和待生滑阀。

① 再生滑阀安装在再生斜管、循环斜管和外取热器斜管上，与再生后的高温催化剂接触；

② 待生滑阀安装在待生斜管上，与待生催化剂接触。

（2）双动滑阀又称烟气滑阀，安装在再生器或三旋出口的烟道上，用于调节和控制烟气的排放量。

二、按阀体的隔热形式可分为冷壁滑阀和热壁滑阀

（1）热壁滑阀在阀体外（法兰除外）铺隔热层，阀体内部只做一层耐磨衬里，阀体壁温与内部零件的温度基本相同。

（2）冷壁滑阀隔热衬里和耐磨衬里铺设在阀体内部，阀体外壁的温度应小于200℃，目前广泛使用此种形式。

第二节　单 动 滑 阀

单动滑阀主要由阀体和执行机构组成。

一、结构

单动滑阀阀体结构如图 5-1 所示。阀体与阀盖有铸造与焊接两种结构形式，应优先采用焊接结构，以避免铸造产生的缺陷。如果接管口径大于 350mm，阀体与管道的连接一般采用焊接连接；如果接管口径不大于 350mm，则采用法兰与管道连接，以便于检修阀体内部零部件。阀体和阀盖的连接法兰有圆形和矩

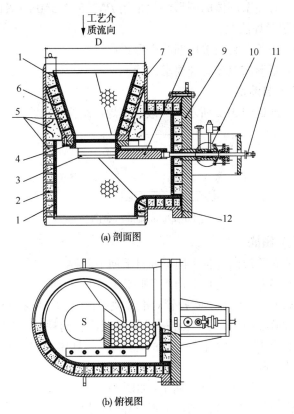

(a) 剖面图

(b) 俯视图

图 5-1　单动滑阀阀体剖面图（流向向下）

1—耐磨衬里；2—保温钉；3—导轨；4—阀座圈；5—隔热衬里；6—节流锥；
7—筒体；8—阀板；9—阀盖；10—填料函；11—阀杆；12—阀体法兰

形两种，其大小必须保证阀体内部零件(阀板、阀座圈和导轨)能从此法兰连接口进行拆装，并有足够的空间来除去导轨和阀座圈螺栓的焊点。

(一) 阀体法兰

阀体法兰有多种形式，如下：

(1) 对热壁阀体的圆形法兰采用 *PN*6.4(6.4MPa) 级的 JB/T 4703 长颈对焊法兰；

(2) 对冷壁阀体的圆形法兰采用 *PN*2.5(2.5MPa) 级的 JB/T 4703 长颈对焊法兰；

(3) 法兰密封面选用凹凸面形式；

(4) 矩形法兰按特殊要求设计。

(二) 节流锥

节流锥如图 5-2 所示，一般采取焊接结构。

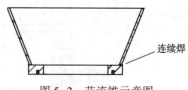

连续焊

图 5-2　节流锥示意图

(三) 阀体

工艺介质流向有自上向下和自下向上两种。

(1) 当介质流向自下向上(如图 5-3 所示)时，阀盖上需设两个 *DN*20 的吹扫管。吹扫管对准导轨的滑道面，吹扫介质采用 0.5MPa 的压缩空气或 1.0MPa 的饱和蒸汽，消耗量分别为 15~20Nm³/h 或 12 kg/h(指每个孔的耗气量)，具体吹扫介质由滑阀所处工艺流程决定。

(2) 当介质流向自上向下(如图 5-1 所示)时，导轨采用 V 形槽结构(见图 5-4)，阀盖上不设导轨吹扫管。

(四) 导轨

(1) 导轨与阀板的滑动面相对应，有 L 形和 [形两种形式，如图 5-4。

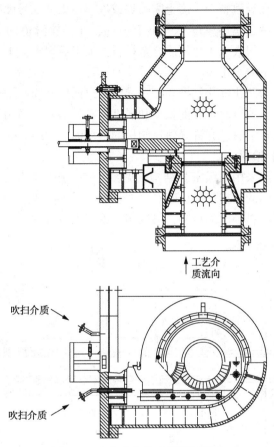

图 5-3 流向向上单动滑阀剖面图

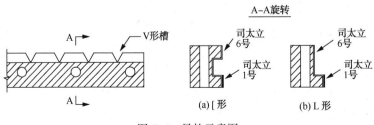

图 5-4 导轨示意图

（2）在导轨整个长度上需喷焊或堆焊司太立 6 号硬质合金材料，加工后金属层厚度不应小于 3mm；在导轨滑道的下侧面上再敷设一层司太立 1 号硬质合金材料，加工后司太立 1 号合金层厚度同样不应小于 3mm。

（3）为防止催化剂堆积，在导轨滑道面应开 60°通槽。

（4）导轨应有足够的长度和强度来支承阀板，当阀板在全开或全关位置上时，允许导轨比阀板的滑动面短 50~150mm。

（五）填料

填料函采用两级密封结构，见图 5-5，在填料发生泄漏时，加大填料函的吹扫气量(蒸汽或空气)，并在油环处注入密封胶，更换压盖填料函内的填料，可以实现不停工检修。

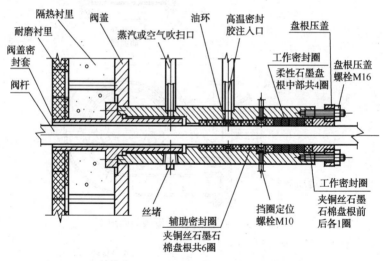

图 5-5　填料函结构剖面图

（1）主填料函(工作密封圈)由 6 圈方形截面填料组成，前后各 1 圈为夹铜丝石墨石棉填料，中间 4 圈为柔性石墨填料圈。

（2）副填料函(辅助密封圈)由 6 圈方形截面填料组成，其材质均为夹铜丝石墨石棉填料。

（3）油环上设 DN15 密封胶注入管，管上设针形阀和注油嘴。

（4）吹扫管的作用是冷却阀杆并防止催化剂外泄，吹扫介质为 0.5MPa 的仪表空气（净化风）或 1.0MPa 的饱和蒸汽，具体吹扫介质由滑阀所处工艺流程决定。

（六）阀板

阀板的滑动面有 L 形和 [形两种形式如图 5-6 所示。T 形槽应设在阀板的背面，使阀杆头部免遭催化剂的冲刷。

在各滑动面的全长上应喷焊或堆焊司太立 6 号硬质合金材料，加工后的合金层厚度不应小于 3mm。

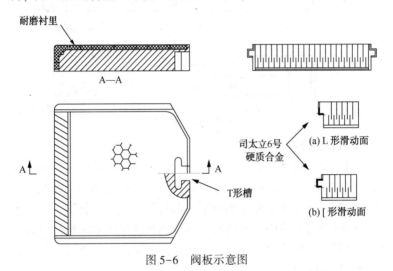

图 5-6　阀板示意图

（七）阀杆

阀杆在设计温度下应能承受驱动装置的最大推拉力而不发生弯曲变形。如图 5-7 所示，阀杆头部采用 T 形结构，为了避免应力集中，T 形头与杆部采用圆角过渡。采用风动驱动的滑阀，阀杆上应设计有后座面，当滑阀在全开位置上时，后座面应靠在阀盖上，以限制阀板的开启位置，全关位置是依靠设置在传动丝杠端部的挡块来限位。除了 T 形头和螺纹部分外，阀杆表面应喷焊一层 Ni60 或其他类似的硬质合金材料，喷焊层加工后的厚度不小于 0.5mm。

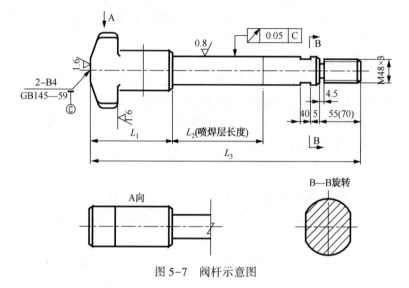

图 5-7　阀杆示意图

（八）阀座圈

阀座圈如图 5-8 所示，调节式单动滑阀的阀口形状有正方形、前半部是圆形，后半部是矩形两种。切断式单动滑阀阀口形状为圆形。阀座圈上催化剂冲刷的部位需铺设耐磨衬里。

阀座圈与节流锥、导轨与阀座圈连接固定用双头螺柱，装配时应在双头螺柱螺纹上涂以二硫化钼润滑剂或氢氧化镁，防止螺纹在高温下咬合。

二、主要参数

（一）设计压力

通常取 1.1 倍的最高操作压力，且不低于 0.5MPa。

（二）设计压差

滑阀上游与下游的设计压力之差，应满足以下要求：

（1）调节用单动滑阀不应超过 0.2MPa，双动滑阀不应超过 0.12MPa；

（2）切断单动滑阀不应超过滑阀的操作压力。

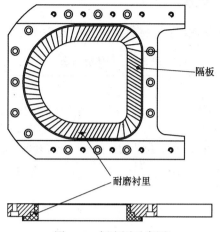

隔板

耐磨衬里

图 5-8 阀座圈示意图

(三) 设计温度

按最高操作温度加 50℃ 选取，对冷壁滑阀阀体壁设计温度取 350℃。

(四) 接管内径

图 5-1 中所示尺寸 D。

(五) 衬里厚度

图 5-1 中所示尺寸 a。

(六) 开口面积

图 5-1 中 S 所示区域。

(七) 控制方式

电液驱动单动滑阀控制方式为正比式，气动为气开式。

气开式(正比式)：当输入信号达到最大值(气动信号为 0.1MPa，电动信号为 20mA)时滑阀处于全开位置，当输入信号达到最小值(气动信号为 0.02MPa，电动信号为 4mA)时滑阀处于关闭位置。

三、材料选择

阀体部分所用的主要材料及用途见表 5-1。

表 5-1　阀体材料表

材料名称	主要用途
06Cr19Ni9（GB/T 4238）板材	适用于 780℃ 以下的节流锥、热壁筒体
06Cr19Ni9 锻钢和棒材	适用于 780℃ 以下导轨、内部螺母
45Cr14Ni14W2Mo（GB/T 1221）锻件	适用于 780℃ 以下使用的阀杆
ZG12Cr5Mo（GB/T 1221）铸件	适用于 550℃ 以下使用的热壁铸造阀体和阀盖
GH33 棒材或锻件	适用于 780℃ 使用的内部螺栓
GH180 棒材或锻件	适用于 900℃ 使用的导轨、阀杆、内部螺栓、螺母
GH180 板材	适用于 900℃ 的节流锥
GH180 铸件	适用于 900℃ 使用的阀板、阀座圈、节流锥
30CrMoA（GB/T 3077）棒材	适用于 500℃ 以下螺栓、螺母
15CrMo（GB/T 3077）板材	适用于 550℃ 以下使用的热壁焊接阀体和龟甲网等零件
Q345R（GB 713）板材	适用于冷壁焊接阀体和阀盖

注：奥氏体不锈钢材料的含碳量应不低于 0.04%。

第三节　双动滑阀

双动滑阀阀体结构如图 5-9 所示。双动滑阀的结构与单动滑阀有所不同，但其组成部件及部件特点、设计参数、材料选择与单动滑阀基本相同，在此不再复述，仅列出双动滑阀的特点。

（1）阀体设计压差一般不超过 0.12MPa；

（2）电液驱动双动滑阀控制方式为反比式，气动为气关式；

（3）阀板全关时中心余隙由工艺流程决定。

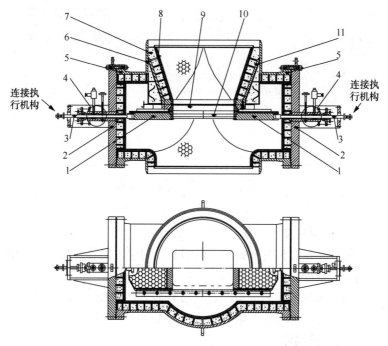

图 5-9　双动滑阀阀体剖面图

1—阀板；2—阀盖；3—阀杆；4—填料函；5—阀体法兰；6—筒体；
7—隔热衬里；8—耐磨衬里；9—阀座圈；10—导轨；11—节流锥

第四节　执 行 机 构

滑阀的控制和驱动方式有两种方式：

（1）气动调节风动驱动方式；

（2）电液控制液压驱动方式。

由于气动调节的灵敏度、准确度比较低，推力较小，目前已很少使用。电液控制机构主要由驱动装置、控制柜和液压油管路组成，如图 5-10 所示。

下面介绍控制机构的技术参数。

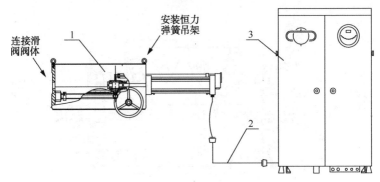

图 5-10 电液控制机构示意图
1—驱动装置；2—液压油管路；3—控制柜

（一）灵敏度

阀杆在任意位置开始动作所需最小的输入信号变动量，以输入信号全量程的百分比表示。

（1）单动滑阀的灵敏度：气动为 1/200，电液为 1/1000；

（2）双动滑阀的灵敏度：气动为 1/400，电液为 1/1000。

（二）准确度

阀杆在任意位置只要输入信号有变化，阀杆都要移动到与新的输入信号相对应的位置上，实际的位置与对应的位置之差称滑阀的准确度或非线性偏差，用全行程的百分比表示。

（1）单动滑阀的准确度：气动为 1/100，电液为 1/600；

（2）双动滑阀的灵敏度：气动为 1/200，电液为 1/600。

（三）稳定性

输入信号经反馈达到平衡后，阀杆应保持不动，以单程振荡次数表示。单程振荡次数：气动不大于 3 次，电液不大于 1 次。

（四）阀板移动速度

（1）气动驱动：不小于 15mm/s（动力风为 0.5MPa 时）；

（2）电液驱动：25~50mm/s。

（五）输入信号

根据工艺参数的变化控制滑阀的动作。

（1）气动驱动：气压信号 0.02 ~0.1MPa；

（2）电液驱动：电流信号 4~20mA。

(六) 输出信号

用于指示滑阀的阀位开度。

（1）气动驱动：气压信号 0.02 ~0.1MPa；

（2）电液驱动：电流信号 4~20mA。

第六章　烟气轮机

烟气轮机是一种以具有一定压力的高温烟气作为工作介质进行能量转换的机械。高温烟气的能量在烟气轮机的静叶、动叶中进行转换并推动主轴旋转输出机械能。烟气通过烟气轮机后，压力、温度降低。烟气在烟气轮机中的膨胀过程可以近似地看作是绝热膨胀。

烟气轮机属气-固两相流高温烟气透平，其气动和结构设计既要考虑具有较高的效率，又要考虑固体颗粒对叶片及流道的冲蚀和磨损。烟气轮机的设计者通过对流道内的流场分析，设计合理的叶型，在保证长周期运行的情况下，尽量提高效率。

烟气轮机广泛应用在催化装置的能量回收机组中，用来回收高温烟气中的压力能和热能。

目前，国内各炼厂选用的烟气轮机大都是由中国石化工程建设有限公司设计并由兰州机械厂生产的。国外的厂家主要有美国的 D-R 公司、Elliott 公司及德国的 GHH 公司。到目前为止，国内最大烟气轮机功率超过 33000kW。

第一节　烟气轮机的配置及分类

一、烟气轮机机组的配置

催化裂化装置的能量回收机组多采用同轴方式，其优点是烟气轮机发出的功率直接驱动主风机，其能量利用效率高。另一优点是当机组超速时，主风机可以起到制动的作用。根据机组的配置情况，一般分为直接发电机组、三机组和四机组。直接发电机组是由烟气轮机直接驱动发电机发电；三机组是烟气轮机与电动/发电机一起驱动主风机；四机组是烟气轮机、电动/发电机及汽轮机一起驱动主风机。对于三机组或四机组，如果烟气轮机输出的功大于主风机的耗功，多余的功则由电机发电输出电能。

二、烟气轮机的分类

烟气轮机的分类方法一般有两种：

1. 根据排气口的方位，可以分为上排气和下排气烟气轮机。
2. 根据叶轮级数，可以分为单级和双级烟气轮机。

第二节　烟气轮机的基本结构及材料

一、烟气轮机的基本结构

烟气轮机主要由进气机壳、围带、静叶组件、转子组件、排气壳体、气封组件、轴承、轴承箱及底座等组成；一般采用轴向进气、垂直向上或向下排气、卧式安装、悬臂式转子结构，如图6-1、图6-2及图6-3所示。

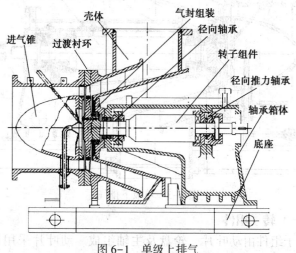

图6-1　单级上排气

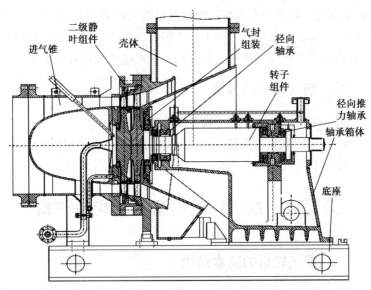

图 6-2　双级上排气

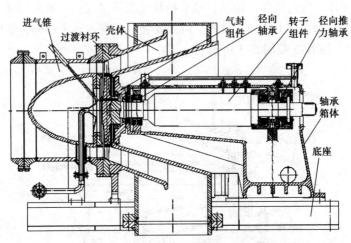

图 6-3　单级下排气

（一）转子组件

转子组件由动叶片、轮盘及主轴组成。动叶片采用模锻成型，动叶根部为枞树型叶根，装在轮盘枞树叶根的槽内，并由锁紧片锁紧。轮盘与主轴通过止口定位，并通过拉杆螺栓拉紧，通过套筒传递扭矩。

（二）进气机壳

进气机壳主要由进气壳、进气锥及静叶片组件组成，进气壳为不锈钢焊接件，进气锥为不锈钢铸件并组焊在进气机壳内，静叶组件由静叶片和固定镶套组成一个组件，用螺栓紧固在进气锥端部，在进气壳体外侧设有可调式辅助挠性支撑。

（三）排气壳体

排气机壳为整体结构，由不锈钢焊接而成。它由进、出口法兰、扩压器及壳体组成，整个机壳用进口端法兰上的两个支耳及机体上的两个支耳支承在底座上，在进口端法兰的两个支耳和底座的支承之间设置横向导向键，在排气机壳的前端和后端设置纵向导向键，以保证中心不变。

（四）轴承箱及轴承

轴承箱由箱体和箱盖组成，均为铸钢，轴承箱部分包括轴承和油封及转速、轴振动和键相位探头，并接有轴承润滑进、出口管道，轴承座为水平剖分结构，由铸钢件制成。

径向轴承、推力轴承均为滑动轴承。在装配时，转子相对机壳的对中与定位都是轴承箱底面下的调整垫片来调整的，用螺栓和定位销固定在底座上。

（五）机座

机座采用水冷却，该冷却水由循环水管网引出，进入机座两侧支座的空腔内，换热后排出。冷却水流量由支座入口截止阀手动控制。

（六）轴封系统

轴封可以采用迷宫密封或蜂窝密封。轴密封由两段密封组成，气封片或密封环固定在气封体上，蒸汽从靠近密封前端注入。使其沿着轮盘后侧径向流动进入流道，与烟气轮机排出烟气混合排出。气封体内的蒸汽压力与烟气轮机的排气压力实行压差控制。密封空气由中间轴封注入，实行手动控制，轴封空气的压力略高于蒸汽压力，以防止蒸汽从轴封泄出。轴封空气一部分流入抽气空腔，和少量蒸汽一起，由抽气口排出机外，另一部分经后段密封泄入大气。轴封系统形成蒸汽封烟气，空气封蒸汽的密封机制。

（七）轮盘蒸汽冷却密封系统

轮盘设有蒸汽冷却系统，蒸汽（1.0MPa，250℃）通过流量孔板和流量控制阀组进入轮盘与进气机壳之间的空腔，对轮盘进行冷却。

二、保护与监测

烟气轮机应在下列部位设置监测仪表。

（1）在前、后轴承处设测振探头、轴位移探头，并设 3 个转速探头；

（2）每个轴承都设测温元件监测轴承温度，采用预埋在瓦块内的 Pt100 铂热电阻进行测量；

（3）轮盘温度监测采用热电偶插入到轮盘前进行监测；

（4）前、后轴承进油压力采用就地压力表监测。通过调节阀，使油压（表）控制在 100~150kPa 范围内；

（5）进油温度由润滑油站控制在 35~40℃ 范围内；

（6）排油温度由设在回油看窗上的温度计直接测量；

（7）支座回水温度由设在水管道上的温度计直接测量。

三、主要部件的材料选择

烟气轮机主要部件的常用材料见表 6-1。

表 6-1　烟气轮机主要部件的常用材料

部　件	材　料	形　式	备　注
入口壳体	06Cr19Ni9	板焊	
入口法兰	06Cr19Ni9	锻件	
围带	06Cr19Ni9	锻件	与工艺介质接触部分喷涂耐磨涂层

部　件	材　料	形　式	备　注
进气锥	06Cr19Ni9	板焊	
轴	40CrNi2MoA	锻造	
轮盘	Waspaloy	锻造	
动叶片	Waspaloy	锻造	叶身喷涂耐磨涂层
静叶片	K213	精铸	叶身喷涂耐磨涂层
拉杆螺栓螺母	GH4169	锻件	
出口壳体	06Cr19Ni9	板焊	
轴承箱体、轴承箱盖	ZG230/450	铸造	
底座	Q235A	板焊	

第三节　烟气轮机的型号

烟气轮机型号的表示方法如图6-4所示。

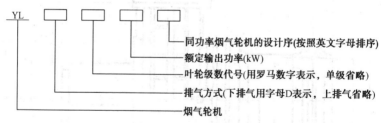

图6-4　烟气轮机的型号

型号示例：

（1）首次设计的轴输出功率为33000kW，叶轮级数为单级，排气方式为向上排气的烟气轮机，型号为：YL33000A。

（2）第二次设计的轴输出功率为18000kW，叶轮级数为双级，排气方式为向上排气的烟气轮机，型号为：YLⅡ18000B。

（3）第二次设计的轴输出功率为5000kW，叶轮级数为单级，排气方式为向下排气的烟气轮机，型号为：YLD5000B。

第四节 烟气轮机的规格

一、烟气轮机的规格

目前国内各炼厂选用的烟气轮机大都是中国石化工程建设有限公司设计，兰州机械厂生产的。一般根据轮盘的大小分为以下几个规格：$\phi630mm$，$\phi700mm$，$\phi830mm$，$\phi900mm$，$\phi970mm$，$\phi1120mm$，$\phi1250mm$，$\phi1380mm$。

二、烟气轮机的典型外形尺寸

如图6-5，烟气轮机的主要尺寸汇总见表6-2中。

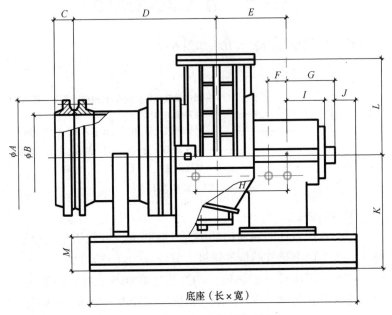

图6-5 烟气轮机外形尺寸图

表 6-2 烟气轮机外形尺寸数据 mm

轮盘直径	φ700	φ830	φ900	φ970	φ1120	φ1250	φ1380
ϕA	1115	1380	1400	1550	1878	2000	2200
ϕB	850	1132	1214	1292	1530	1670	1890
C	160	150	205	220	272	280	310
D	1353	1515	1509	1745	2030	2351	2600
E	717	826	798	909	812	1027	1087
F	200	200	250	200	200	379.5	
G	414	510	520	598.3	598.3	819	892
H	930	1080	1080	1240	1240	1530	1680
I	270	390	390	474	474	615	692
J	31	252	112	168.7	154.7	133	190
K	1170	1400	1400	1450	1600	1850	1970
L	1050	1050	1250	1450	1500	1650	1850
M	420	320	320	290	300	330	370
轴头	φ110×120	φ130×150	φ140×160	φ160×170	φ170×200	φ225×280	φ250×330
底座	2795×2230	2916×2640	2890×2712	3352×2940	3415×3278	4370×3870	4769×4150
出口法兰	1090×580	1500×708	1500×708	1740×882	1900×922	2050×1150	2200×1250

第五节 烟气轮机出厂的检验与试验

烟气轮机出厂前应在制造厂内进行密闭热循环机械运转试验。

一、试验和测试内容

试验和测试包括下列内容。

（1）烟气轮机升速至额定转速运行实验，循环空气的温度达到所规定的值；

（2）105%额定转速下的超速试验；

（3）监测入、出口循环空气的温度；

（4）监测不同转速下各轴承轴瓦的温度；

（5）监测不同转速下的前、后轴承的进油、回油温度；

（6）监测同一转速下的前、后轴承径向轴承处的轴振动和推力轴承处的轴位移；

（7）监测所规定出口温度下的壳体径向变形和轴向变形量；

（8）监测设计转速下的空载耗功；

（9）监测额定转速下测量烟气轮机的噪声。

二、工程验收

（一）验收标准

（1）轴振动的双振幅不应超过式(6-1)计算所得数值。

$$A = 25.4\sqrt{12000/N_{mc}} \qquad (6-1)$$

式中　A——未滤波的震动幅值，μm；

　　　N_{mc}——烟气轮机的最大连续工作转速，r/min。

在最高连续转速至跳闸转速之间任一转速，其双振幅值应不大于最高连续转速下记录的最大双振幅值的150%。

（2）前、后轴承径向轴瓦温度不超过80℃，止推轴承轴瓦温度不超过90℃；

（3）解体检查，烟气轮机各部件不应有明显地损坏，轻微刮损应进行修复处理。

（二）试验报告

制造厂向用户提供烟气轮机热态空负荷机械运转试验报告，其内容应包括：

（1）不同转速下的轴振动、位移、各轴承轴瓦温度及润滑油温升等；

（2）烟气轮机的空载耗功曲线；

（3）烟气轮机在额定转速下的噪声值；

（4）烟气轮机解体检查的情况。

第六节　对配套系统的要求

烟气轮机长期在高速、高温下运行，如果壳体的变形或转子与壳体之间的偏移大于允许值，会使烟气轮机产生异常或损坏。所以烟气轮机对进出口管道的设计、生产及安装有严格要求。

一、入口管道的设计及选材

烟气轮机入口管道不允许采用衬里，由于烟气温度较高，要求采用耐高温不锈钢。

二、入口管道布置的要求

为了使烟气在进入烟气轮机之前的流动比较均匀，要求烟气轮机入口管道的直管段不少于 6 倍的入口管道的直径。

三、检修空间的要求

由于烟气轮机采用前抽转子，因此在烟气轮机入口前应设置联接短节，短节的长度一般为 1.8~2.5m，原则是比较转子的长度与进气锥长度，两者之差大于 0.5m 左右即可。

四、入口管道的施工要求

管道作用在烟气轮机上的力和力矩不能超过烟气轮机的允许值。为了降低入口管道在热态时对烟气轮机的力和力矩，烟气轮机入口管道设计时对烟气轮机入口管道进行补偿，一般采用 L 型三铰链布置方案，为了使热态下烟气轮机受力最小，需在指定位置进行 50%（或 100%）的预拉伸措施。

管道施工时，施工顺序应该由机组向外安装，预留接口应该远离烟气轮机。

五、入口阀门的要求

烟气轮机入口高温蝶阀安装在烟气轮机入口水平管道上，用于调节进入烟气轮机的烟气量，并与烟气轮机旁路双动滑阀一起控制再生器的压力，该阀又是烟气轮机紧急停车、自动联锁系统中的关键自保阀门，正常操作时起调节作用，事故时快速关闭，切断进入烟气轮机的烟气，防止机组超速，要求该阀的紧急关闭时间小于0.5s。

六、公用工程

在烟气轮机的工程设计过程中，应保证必要的公用工程条件，如油、水、汽、风等。下面是一台烟气轮机的常用消耗指标情况。

（一）润滑油（VG46）

进油温度：40~45℃；

过滤精度：20μm；

进油压力（表）：0.10~0.15MPa；

润滑油量：250~660 L/min。

（二）蒸汽与空气

蒸汽、空气的消耗量见表6-3。

表6-3 蒸汽、空气消耗量

参　数	轮盘冷却蒸汽	密封蒸汽	密封空气①	油封空气①
管网压力（绝）/MPa	1.0	1.0	0.5	0.5
管网温度/℃	250	250	常温	常温
消耗量/（kg/h）	800~3000	200~300	100~350	100~150

① 密封空气为装置空气（非净化风）、油封空气为仪表空气（净化风）。

（三）支座冷却水（循环水）

耗量：2000~8000kg/h

注：公用工程的消耗随机型的增大而增加，小机型取小值，大机型取大值。

参 考 文 献

[1] 郁永章. 活塞式压缩机[M]. 北京：机械工业出版社，1982

[2] 郁永章. 容积式压缩机手册[M]. 北京：机械工业出版社，2000

[3] 姜培正. 过程流体机械[M]. 北京：化学工业出版社，2001

[4] 姜培正. 叶轮机械[M]. 西安：西安交通大学出版社，1991

[5] 宋天民. 炼油厂动设备[M]. 北京：中国石化出版社，2006

[6] 石油化学工业部石油规划设计院. 压缩机工艺计算[M]. 北京：石油化学工业出版社，1978

[7] 邢子文. 螺杆压缩机 理论、设计及应用[M]. 北京：机械工业出版社，2000

[8] 王学义. 工业汽轮机技术[M]. 北京：中国石化出版社，2011

[9] 中国石油和石化工程研究会. 炼油设备工程师手册[M]. 第二版. 北京，中国石化出版社，2009

[10] 刘绍叶等. 泵、轴封及原动机选用手册[M]. 北京：石油工业出版社，1999

[11] W·鲍尔(德国). 叶轮机械(计算与设计)[M]. 北京：化学工业出版社，1986

參 考 文 獻